AF325232

OBSERVATIONS

HISTORIQUES

SUR

Quelques écarts ou jeux de la Nature, pour servir à l'Histoire naturelle.

Par Me E. J. P. HOUSSET, Docteur en l'Université de Montpellier, premier médecin des Hôpitaux de la ville d'Auxerre, Membre de plusieurs Académies & Sociétés royales.

A NEUCHATEL,

De l'Imprimerie de JEAN - PIERRE CONVERT.

1 7 8 5.

le premier rôle dans la république des let-
tres, me font prendre la liberté de mettre
fous vos aufpices mes Obfervations hifto-
riques fur quelques écarts ou jeux de la
Nature, pour fervir à l'Hiftoire naturelle.
A qui pourrois - je mieux confacrer cet
ouvrage qu'à celui qui en a fi bien fuivi la
marche, qui en a développé tous les fecrets,
& l'a forcée de fe déceler, dans les mo-
mens où elle fembloit le plus fe voiler &
fe refufer aux recherches des plus curieux
obfervateurs ?
- Pardonnez - moi, Monfieur, fi je fuis
empreffé à faire honorer un de mes enfans,
que je ne chéris que par le rapport qu'il a
avec les vôtres, qui font les délices du
monde littéraire.
Je fuis avec refpect,

M O N S I E U R,

Votre très-humble & très-obéiffant
ferviteur,

H O U S S E T, médecin des hôpitaux,
membre de plufieurs académies.

Auxerre, ce 19 octobre
1784.

OBSERVATIONS

HISTORIQUES.

MÉMOIRE

Sur une petite fille monſtrueuſe, adreſſé en 1768 à l'Académie royale des ſciences de Paris.

LES productions de la nature ſont uni-
formes ; ſi quelquefois elles paroiſſent
s'écarter des loix générales, auxquelles
le Créateur les a aſſujetties, c'eſt toujours
pour offrir à l'œil pénétrant du phyſicien
des phénomenes qui l'étonnent, & peuvent mettre en défaut ſon expérience &
ſa ſagacité. L'hiſtoire que nous allons
rapporter, ſervira à démontrer la vérité de
cette propoſition ; elle dévoilera une de

A

de ces bizarreries qu'on appelle *jeux de nature*, qu'il eſt avantageux de publier, tant pour ſatisfaire la curioſité, que pour donner lieu à des réflexions, propres à favoriſer le progrès des connoiſſances phyſiologiques & pathologiques.

Au commencement du mois de décembre 1768, je rencontrai un chirurgien de notre ville, avec lequel je converſai ſur quelques maladies qui concernoient ſon art : notre entretien ſe termina bien vîte, quand il m'apprit qu'il alloit faire l'ouverture d'une petite fille, que l'on diſoit être monſtrueuſe, décédée trois ou quatre minutes après ſa naiſſance. Je témoignai le deſir que j'avois d'aſſiſter à cette opération : nous nous tranſportâmes en conſéquence dans la maiſon d'un tapiſſier, dont la femme venoit d'accoucher de cet enfant ; j'y trouvai un de mes confreres & la ſage-femme, qui tous deux étoient impatiens de s'inſtruire dans tout leur détail des phénomenes qu'ils ne faiſoient qu'entrevoir ; ſi - tôt que j'apperçus le cadavre, j'examinai avec la plus ſcrupuleufe attention la figure & la fituation des parties extérieures, & vis avec beaucoup de furprife :

1°. Que ce fujet venu au terme ordinaire de l'accouchement, étoit né fans feffes.

2°. Qu'il n'en reftoit de veftiges que trois raies, dont deux latérales, fémi-circulaires, & une intermédiaire longitudinale, qui fe perdoit à l'endroit où l'on obferve ordinairement l'anus.

3°. Qu'elles étoient gravées légérement fur une élévation ou tumeur confidérable, liffe, polie, fort blanche, un peu pâteufe au toucher.

4°. Que cette tumeur prenoit fa naiffance à la quatrieme des vertebres lombaires inclufivement, couvroit toute la région des lombes, paffoit entre les deux cuiffes, & fe terminoit à la partie fupérieure de la fymphyfe des os pubis, de maniere qu'elle s'étendoit fur toute la fuperficie des os des isles, *l'ilium*, *l'ifchion* & le *pubis*, autrement dits *os innominés*, & rempliffoit le vuide que laiffe dans l'état naturel la grande raie, ou finuofité profonde, qui fépare les deux feffes.

5°. Qu'au-deffus de la fymphyfe, dont nous venons de parler, étoit fitué l'anus.

6°. Que fix à fept lignes au-delà on découvroit cette petite fente que le célebre *Winslou* appelle *finus* ; mais que nous connoiffons fous les termes de *puden-dum*, *d'ouverture du vagin*, &c. &c.

7°. Que beaucoup plus loin étoit le nombril, fort voifin du cartilage xiphoïde, par rapport au déplacement des parties inférieures ; on obfervoit néanmoins que *l'anus*, le *pudendum* & le *nombril* gar-doient entre eux la diftance qui leur eft naturelle.

8°. Le refte du corps ne nous offrant rien à l'extérieur qui mérita l'attention, nous fîmes ouvrir la tumeur ; il en fortit une grande quantité d'eau huileufe, qui entouroit une maffe de fang caillé, fort rouge, nullement dégénéré, qui tenoit lieu des mufcles feffiers.

9°. Deffous ce fang, que l'on eut foin d'enlever, nous apperçûmes deux tumeurs

rondes , raboteufes , dures , cartilagineu-
fes , l'une placée à droit , l'autre à gauche,
adhérentes à *l'ifchion* ; on eût dit qu'elles ne formoient avec lui qu'un feul &
même corps.

10°. L'ouverture en ayant été faite , on
retira de chacune d'elles une cuillérée
d'eau très-limpide , renfermée dans une
cavité dont les parois étoient fort unis
& luifans.

11°. Nous nous propofions de ne pas
porter plus loin nos recherches , lorfqu'il
me vint en penfée que le déplacement
de l'anus auroit pu être occafionné par
le prolongement de la tumeur , parce que
l'anus , en fuivant l'impreffion de la peau ,
auroit entraîné le *rectum* jufqu'au-deffus
de la fymphyfe des os pubis , ce qui auroit
formé une nouvelle efpece de hernie ;
mais je vis avec plaifir que ma conjecture
ne s'accordoit pas avec l'œuvre de la nature; l'anus & l'inteftin *rectum* alloient direc-
tement du dehors en dedans de la capacité du bas - ventre au - deffus de la fymphyfe , dont nous avons parlé.

A iij

12°. Il nous fut impoſſible de découvrir l'ouraque ; cette membrane, ſi célébrée par les *Winſlou*, les *Drelincourt*, & autres anatomiſtes, qui, dans le fœtus, établit une communication intime entre la veſſie & le cordon ombilical pour un uſage que l'on range encore dans la claſſe des problêmes.

D'après ces obſervations, que je viens de crayonner de la maniere la plus ſimple & la plus fidele, il ne me reſtoit plus qu'à tirer les corollaires ſuivans, relatifs à la formation primitive des parties ſolides du corps animal.

COROLLAIRE PREMIER.

La graiſſe n'eſt autre choſe qu'une huile lymphatique, qui, ſe ſéparant de la maſſe du ſang, ſe dépoſe dans le tiſſu cellulaire de la peau pour y former un corps d'autant plus ſolide, qu'il ſe fait par la tranſpiration inſenſible une plus grande évaporation de lymphe ; je dis *inſenſible*, parce que les ſueurs ſont le plus ſouvent

l'annonce de la diſſolution & de la deſtruction de cette matiere onctueuſe.

COROLLAIRE II.

La trop grande quantité de lymphe ou
de ſels lixiviels s'oppoſe à ſa formation,
ou cauſe ſa diſſolution, comme on l'ob-
ſerve journellement dans les hydropiques
& les phtyſiques.

COROLLAIRE III.

La partie charnue des muſcles eſt
conſtruite en grande partie par les glo-
bules rouges du ſang ; il en eſt de même de
la partie parenchymateuſe du foie, de la
rate, &c. &c. comme je l'ai obſervé
pluſieurs fois dans des lapins.

COROLLAIRE IV.

Les parties nerveuſes, tendineuſes, cartilagineuſes, membraneuſes, ſont produi-
tes par une même lymphe plus ou moins
glutineuſe, ou le gluten du célebre *M. de
Haller*, notre reſpectable protecteur &
correſpondant.

COROLLAIRE V.

La tumeur eſt le réſultat de la déſunion des parties fluides , qui doivent concourir à former la graiſſe , les muſcles, les tendons , les tégumens, le périoſte & autres membranes; car les ſolides , quels qu'ils ſoient , n'exiſteroient pas s'il ne ſe trouvoit dans le ſang des particules fluides de différente nature , propres à les former & à diverſifier leurs eſpeces.

Il réſulte encore de nos remarques deux problêmes, aſſez difficiles à réſoudre.

PROBLÊME PREMIER.

Les trois raies que nous avons vues & qui étoient gravées ſur la tumeur, ne ſont-elles pas une preuve que les feſſes ont été formées au commencement de la groſſeſſe ? Telles ſont les raies que l'on remarque ſur la peau du ventre des perſonnes du ſexe qui ont eu des enfans ; au moins peut on mettre en queſtion ſi cette tumeur a été naturelle ou accidentelle.

PROBLÊME II.

Le même doute peut s'élever, & la même queſtion propoſée à l'egard du déplacement de l'anus. N'auroit-il pas pu arriver que la maſſe informe, qui a occaſionné la tumeur, eût pouſſé l'anus au-delà de ces bornes, & l'eût fait paſſer, ainſi que l'inteſtin *rectum*, entre les deux os pubis, dans le tems que le cartilage qui les unit, n'étoit pas encore ſolide ?

. Ces corollaires & ces problêmes ne ſont, à mes yeux, que des conjectures ; je ne les regarderois comme aſſertions, qu'autant que Meſſieurs de l'Academie royale des ſciences penſeroient qu'ils ſont une conſéquence naturelle des obſervations que la petite fille monſtreuſe nous à fourni ; je m'en rapporte avec plaiſir & ſoumiſſion à leur jugement.

Nota. L'Académie royale des ſciences a fait inſérer cette obſervation dans ſon Hiſtoire pour l'année 1772, premiere partie, page 24 ; elle m'a donné dans cette occaſion une marque d'eſtime à laquelle je ſuis fort ſenſible, & je lui ai depuis témoigné plus d'une fois ma reconnoiſſance.

MÉMOIRE

Adreſſé en 1775 à la même Académie, ſur un enfant preſque roué, dont le corps formoit ſur la partie antérieure du tronc deux goutieres, placées l'une à côté de l'autre; ce qui a donné lieu à un accouchement laborieux.

L'AME agit ſur le corps, excite en lui divers mouvemens, & y opere certains changemens favorables, ou contraires à l'économie animale.

Le corps de ſon côté, frappé par les objets extérieurs, tranſmet à l'ame, par le moyen des nerfs, ſes ambaſſadeurs, les impreſſions qu'il à reçu, la meut, l'étonne, la tranquillife, la détermine dans ſes irré-ſolutions, lui procure du plaiſir ou l'afflige ſelon qu'il eſt lui-même affecté.

Cette action réciproque eſt l'effet natu-rel de l'union intime, établie entre l'une & l'autre ſubſtance pendant le cours de la vie ; elle est si grande, qu'elles participent en commun dans presque toutes les circonstances aux avantages ou préjudices qui leur arrivent en particulier.

Il n'est pas une personne instruite qui ne soit pleinement convaincue de la vérité de ces assertions.

Si nous voulions porter plus loin nos vues & connoître de quelle maniere s'est formée & s'entretient cette correspondance mutuelle, notre démarche deviendroit inutile, & notre génie, trop borné pour pénétrer un secret que le Créateur n'a pas voulu révéler, seroit humilié au premier pas.

D'après ces principes, que la raison avoue, ne nous épuisons pas en raisonnemens pour déterminer par quel méchanisme une femme enceinte imprime sur le corps de son enfant la figure d'un objet extérieur, qui aura frappé son imagination ; contentons-nous de rechercher, par la voie de l'observation, si le pouvoir de l'ame s'étend jusqu'à agir sur un être avec qui elle n'a qu'un rapport indirect, ou plutôt qui lui eſt étranger ; je dis *étranger* , parce que la mere & l'enfant ſont deux individus diſtincts , qui ne ſont en ſociété pendant l'eſpace de neuf mois qu'en raiſon de la nourriture que doit fournir la mere pour le dévelopement , l'entretien & l'accroiſſement du fœtus.

Pour parvenir à la ſolution de ce problême , je ferai part à Meſſieurs de l'Académie de l'hiſtoire d'un accouchement devenu laborieux par les vices de conformation d'un enfant preſque roué dans le ventre de ſa mere , dont l'imagination avoit été frappée pendant ſa groſſeſſe à la vue d'un objet difforme.

Madame...... âgée d'environ vingt-trois ans , d'un tempérament ſanguin , d'une taille avantageuſe & déliée , d'une figure fort agréable , étant devenue enceinte dans le mois de mai 1774 , fit une partie de campagne avec une de ſes amies dans le courant de juillet ; & comme il eſt aſſez d'uſage que les femmes ſe prêtent de mutuels ſervices dans leurs habillemens , lorſqu'elles n'ont pas leurs femmes-de-chambre , elle ne manqua pas d'offrir les fiens ; mais tandis qu'elle habilloit fa compagne , elle remarqua avec beaucoup de furprife fur fa poitrine une difformité qui confiftoit en un enfoncement confidérable du fternum & des cartilages : cette concavité repréfentoit au naturel un de ces canaux de fer-blanc , deftinés à recevoir les eaux pluviales , qu'on voit fous les toits des bâtimens. La furprife de cette dame fut accompagnée d'un mouvement dont elle ne fut pas maîtreffe ; l'impreffion qu'elle reçut la fuivit par-tout jufqu'au moment de fon accouchement , dont voici le détail.

Le 5 février 1775 *M. Lefféré de Villemer* , chirurgien de notre ville , fut appellé fur les onze heures du foir , pour accoucher cette dame. Les premieres douleurs avoient fait percer le bain ; au premier attouchement l'accoucheur s'apperçut que la dilatation de la matrice n'étoit pas affez fenfible pour fe flatter d'une délivrance prochaine ; les douleurs étoient éloignées les unes des autres , & ne faifoient fur l'orifice de cet organe qu'une légere impreſſion. Les choſes reſterent dans cet état juſques ſur les deux heures du matin, tems où les douleurs devinrent plus fortes , plus longues , & plus fréquentes; la dilatation de la matrice ſe fit alors de maniere à pouvoir s'aſſurer de la partie que l'enfant préſentoit à l'introduction du doigt ; le chirurgien ne ſentit qu'un corps mol au lieu de tête : il attendit encore juſqu'à ce que les douleurs devinſſent expulſives ; elles ne tarderent pas ; il introduiſit pour lors ſa main , qui ſaiſit une maſſe charnue immobile , repréſentant un pain de ſucre ou cône , dont la pointe ſeroit renverſée ; il s'imaginoit que l'enfant préſentoit les feſſes , ce, qui lui fit chercher , mais en vain , le pli des aînes; il ſe ſervit , ſans rien amener , du forceps de *M. Levret* , parce que cette maſſe étoit figurée en pain de ſucre.

Sa main fut de nouveau introduite, dans la vue de ſaiſir les pieds ; mais il ne ſentit ni jambes , ni cuiſſes , ni pieds.

Pendant ce tems , la malade tomboit

tantôt dans des défaillances qui faisoient craindre pour sa vie, & tantôt elle étoit agitée par des mouvemens convulsifs; ce qui détermina *M. Lefféré* à placer la malade sur les pieds du lit, de façon que le siege fut plus élévé que la tête; la main encore une fois introduite, ne put découvrir les membres de l'enfant.

Les douleurs étant devenues plus foibles & fort éloignées les unes des autres, on mit la souffrante dans son lit, on glissa dessous elle un oreiller, & on lui fit prendre une potion cordiale; les douleurs se réveillerent, furent fréquentes, violentes & expulsives; l'accoucheur recommença sa manœuvre, & l'enfant vint par le siege, comme il s'y étoit attendu. Quand il voulut faire la ligature du cordon, il s'apperçut que ce corps passoit entre les cuisses, qui étoient repliées sur le ventre, & les jambes qui l'étoient sur la poitrine, de maniere que les os pubis au lieu d'être convexes extérieurement, comme ils le font dans l'état naturel, étoient concaves; les muscles droits étoient, pour ainsi dire, collés sur les vertebres , & fournissoient aux cuisses une creusée pour les loger ; les hypocondres droits & gauches formoient en leur faveur une envelope qui faisoit qu'il ne se trouvoit pas entre eux deux travers de doigt de distance.

Les genoux étoient nichés sur la région du foie, les jambes sur le sternum ; & les cartilages des côtes , ces parties osseuses ordinairement si convexes, étoient. enfoncées à ce point de ne laisser entre elles & les vertebres dorsales que l'épaisseur d'un pouce ; les pieds étoient logés dans un enfoncement contre nature , aux dépens des clavicules & de l'apophyse acromion.

Le rebord des côtes & les tégumens de la poitrine servoient d'envelope aux jambes , de sorte que ce ne fut qu'après avoir employé de grands efforts que M. Lesséré put les tirer (passez - moi l'expression) de leurs moules ; l'empreinte des cuisses , des jambes étoit, on ne peut pas mieux, tracée.

Après avoir délivré ces petits membres

de

de leur prison, l'accoucheur fit la ligature & la section du cordon ; l'enfant qui
d'ailleurs étoit bien conformé , fut ondoyé , & n'a vécu que quelques minutes.

M. Lefféré visitant de nouveau ce sujet, trouva le sternum adhérent aux vertebres , & le bout des côtes , qui donne
attache aux cartilages, formant une émi-
nence ou apophyse grosse comme une
noisette , qui chacune rendit l'extraction
de l'enfant plus pénible ; car il sembloit
que chacune d'elles ne pouvoit passer sans
faire contracter la matrice.

Les parens se sont opposés à l'ouverture de ce monstre , qui fut mis au monde
en présence de cinq personnes.

MÉMOIRE

Adreſſé la même année à la même Académie, ſur un enfant né ſans mâchoire ſupérieure, & à qui il manquoit un des os palatins & du ne{z}.

La nature trop prodigue à l'égard de certains ſujets, ſe montre trop avare envers d'autres ; l'exemple ſuivant en démontre la vérité.

Le 30 octobre 1775, je me ſuis tranſporté au fauxbourg de *Saint-Martin les Saint-Julien*, chez la nommée *Groſprêtre*, pour y examiner, & viſiter un petit enfant né depuis environ cinq jours, qu'on avoit expoſé ſur le ſeuil de la porte de notre Hôtel - Dieu ; on me l'avoit annoncé comme un ſujet monſtrueux, digne de la curioſité des naturaliſtes ; j'ai remarqué effectivement que la moitié de la levre ſupérieure manquoit, tandis que l'autre moitié retirée ſur elle-même au - deſſous de la narine droite, formoit deux bourgeons charnus, ronds, unis, polis, comme deux glandes conglobées, jointes l'une à l'autre, d'un volume fort inégal ; le plus gros, placé supérieurement, soutenoit la narine droite, qui n'étoit intéressé en aucune maniere, tandis qu'il ne restoit de la narine gauche que sa portion supérieure unie avec la peau qui couvre l'os de la pomette, & que l'on voyoit suspendue comme l'aile d'un oiseau, faute d'apophyse nasale, qui lui servoit de soutien ; on se figurera aisément, que cette singularité devoit avoir lieu, puisque l'Auteur de la nature avoit refusé à cet enfant, non-seulement l'os propre du nez & la levre supérieure, mais encore la mâchoire, excepté ces deux portions latérales où sont ordinairement implantées les dents molaires. On auroit dit qu'on eût scié artistement cette mâchoire dans les deux points désignés.

Outre ces défauts, on en observoit un autre, qui n'étoit pas moins curieux, & qui, je crois, n'a pas encore été remarqué par les anatomistes.

Tous les gens de l'art favent que la voûte du palais eft formée par l'affemblage des deux os, dits *palatins*, & de deux autres, dits *maxillaires* ; or, comme notre enfant étoit privé de la plus grande partie de la mâchoire fupérieure, on conçoit facilement que la voûte du palais étoit imparfaite, & qu'on ne pourroit, tout au plus, en obferver que les portions formiées par la partie interne des os maxillaires ; mais j'avoue avec fincérité que je fuis tombé dans le plus grand étonnement, lorfque j'ai vu que la nature avoit, en vraie marâtre, refufé de fe prêter à la formation de la moitié de la voûte du côté gauche, qu'il n'exiftoit de l'os palatin qui y répond, qu'une petite lame d'une figure cônique, dont la bafe, large de trois lignes, regardoit la gorge, & formoit par fon union avec l'autre moitié de la voûte & l'éfophage, un canal propre à donner paffage aux alimens.

D'après ce tableau que je viens de crayonner, on fera faifi d'horreur, lorfqu'on fe préfentera la caverne affreufe à laquelle ces défauts de parties offeufes ont donné naiffance; ce finus s'étendoit jufqu'à l'os cribreux, appellé *ethmoïde*, & je penfe qu'avec un peu d'attention on eût pu découvrir la felle turchique, autrement dite *os phénoïde*, de la même maniere qu'on appercevoit le *vomer* dans cet enfant mâle, qui du refte paroiffoit bien conformé.

Ce fujet, contre toute efpérance, a vécu trois femaines, paroiffant jouir d'une fanté parfaite; on le nourriffoit avec le lait de vache; il pouvoit vivre, mais ne pas pouffer loin fa carriere. Comment réfifter aux différentes impreffions de l'air qui fe retiroit dans cette caverne?

MÉMOIRE

Sur un enfant venu au monde les jambes croisées comme un tailleur.

L'IMAGINATION des femmes groffes les rends attentives à différens objets, fur-tout à ceux qui fe font remarquer par quelque difformité : ils font fur elles une fi grande impreffion, que l'on voit journellement leurs enfans en porter l'empreinte, les défauts, & même les vices de conformation ; auffi nous obfervons dans les uns la figure d'une cerife, dont la couleur devient plus vive dans le tems où ce fruit mûrit, & dans d'autres celle d'une olive, d'une truffe. J'ai vu dans une femme la marque des fleurs de lis gravées fur un de fes pieds ; j'en ai connu une autre dans le *Languedoc*, qui portoit fur fon vifage la figure d'un lievre que pourfuivoit un chien de chaffe ; ces deux animaux étoient peints d'après nature. On en voit certaines accoucher d'enfans monſtrueux , après avoir été frappées à la vue de ſujets difformes ou d'animaux qui leur ont cauſé de l'effroi , & qu'elles ſe ſont plu à conſidérer avec le plus grand intérêt.

C'eſt pourquoi il eſt fort dangereux d'offrir à l'imagination des femmes enceintes des portraits difformes , de leur raconter l'hiſtoire de monſtres , dont l'idée peut être déſagréable , & troubler l'eſprit par des repréſentations qui s'identifient ſouvent avec le fruit qu'elles portent ; il eſt encore plus de les leur préſenter en original. Les conſéquences fâcheuſes qui en réſultent, ſont trop fréquentes pour que la bonne police ne les écarte pas du ſein de la ſociété plus ſoigneuſement qu'elle ne le fait ; je citerai entr'autres l'exemple ſuivant , il prouvera évidemment que les différentes impreſſions que l'ame reçoit dans le cours de la groſſeſſe , décident abſolument du ſort de l'enfant , & qu'il eſt eſſentiel que rien de difforme ne trouble & ne frappe la mere pendant un tems auſſi précieux.

B iv

On connoît à *Auxerre* l'enfant d'un vigneron, né avec un vice de conformation, qui l'empêche de marcher. La partie inférieure d'une de ses jambes est croisée sur l'autre, & son pied entiérement renversé en-dedans; cet homme, âgé maintenant de près de quarante ans, parcourt les rues avec des béquilles, demande l'aumône, & s'appuie très-légérement sur le pavé, enforte qu'il fait sa route comme suspendu sur ses appuis. La femme d'un courier s'avise de considérer avec trop d'attention cet infirme; frappée de sa triste situation, elle ne peut écarter de son esprit l'idée qu'elle en conçoit; elle accouche au terme ordinaire, & met au monde un garçon dont les jambes & les cuisses étoient croisées comme celles d'un tailleur; elles étoient appliquées l'une sur l'autre, avec tant de fermeté, qu'il fut impossible de les séparer; ses pieds étoient renversés, de maniere que la plante du pied se préfentoit en-devant & supérieurement, & sa partie convexe du côté oppofé; ils étoient tournés en-dedans &

privés de l'os principal qui fert de fou-
tien à tout le corps , je veux dire , du
calcaneum : il étoit en conféquence décidé que cet enfant ne pourroit jamais
marcher qu'avec des béquilles , à l'imita-
tion de celui que la mere avoit malheu-
reufement fixé avec trop de perfévérance;
mais la mort de ce fujet , arrivée quatre
mois après fa naiffance , délivra fes parens
du chagrin qu'ils avoient de vivre avec un
enfant fi mal conformé.

M. *Lefféré* pere , chirurgien-major des
Hôpitaux , m'a raconté qu'il avoit vu un
enfant dont la tête reffembloit à une hure
de fanglier. Les exemples de difformités
à peu près femblables font trop com-
muns pour croire que l'imagination des
femmes ne contribue pas aux événemens
qui paroiffent fortir de la claffe ordinaire
des chofes , fur-tout lorfqu'on voit qu'ils
ont un rapport immédiat avec les objets
dont elles fe font occupées.

DISSERTATION

Sur une groffeffe de trente - un ans.

La groffeffe de *Marie de Breffe* eft un de ces grands événemens qui forment époque dans l'Hiftoire, & je ne crois pas que les faftes de la médecine nous en aient fourni un plus intéreffant ; auffi c'eft de ceux que je préfente dans ce recueil celui qui a le plus fixé mon attention ; je vais mettre le lecteur à portée d'en juger

Marie de Breffe, née le 6 octobre 1686, femme d'*Edme Copel*, manœuvrier, natif de *Troies*, eut, en 1712, qui étoit la premiere année de fon mariage, une perte de fang très - confidérable, fuivie d'une fauffe couche, fans aucun accident fâcheux.

Depuis fon rétabliffement jufqu'au commencement de 1716, elle eut exactement tous les mois l'écoulement naturel de fon fexe ; mais au mois de mars de la même année fes regles cefferent ; elle éprouva pour lors des naufées, des dégoûts, &

autre fymptômes qui lui firent foupçonner qu'elle étoit enceinte. Ayant fenti remuer au troifieme mois fuivant, & le lait commençant à paroître, elle ne douta plus de fa fituation ; les mouvemens de l'enfant allerent toujours en augmentant, jufqu'au terme ordinaire , où elle fut travaillée de douleurs très-vives, qui paroiffoient être une difpofition à un accouchement prochain ; en conféquence on eut recours à une fage-femme qui , pendant deux jours qu'elle refta auprès de la malade, n'attendoit que le moment favorable pour aider la nature ; effectivement un écoulement d'eau, affez femblable à celui qui a coutume de précéder l'accouchemont ordinaire , étant furvenu le deuxieme jour au foir , fembloit annoncer une prompte délivrance , de forte que la fage-femme , avertie par cet avant-coureur , fe mettoit déjà en ouvrage & fe difpofoit à recevoir l'enfant ; mais qu'elle ne fut pas fa furprife , quand après avoir touché & examiné de nouveau la matrice , elle s'apperçut qu'elle n'étoit nullement chargée : cependant l'enfant remuoit toujours dans le ventre de sa mere , & avec plus de facilité & de force qu'auparavant, parce que les eaux qui s'étoient écoulées , ayant diminué en partie le volume du ventre & levé la résistance qu'elles offroient, lui laissoient plus d'espace & de liberté pour faire ses mouvemens.

Un événement aussi singulier , qui étonna tous les assistans , engagea le mari à faire visiter sa femme par Messieurs les médecins & chirurgiens de la ville de *Troies*, où ils faisoient alors leur résidence. Ces Messieurs , après l'avoir interrogée & sérieusement examinée, déciderent unanimement qu'elle étoit enceinte , & que l'enfant n'étant point contenu dans la matrice , il n'y avoit pas d'autre parti à prendre, que de procéder à l'opération césariene ; mais cette femme effrayée du danger de cette opération, ne voulut pas en courir les risques, & préféra s'abandonner à la Providence. Pendant le dixieme mois de sa grossesse , elle ressentit quelques douleurs vives , à la vérité passageres &

momentanées ; qui ne venoient que de ce que l'enfant faifoit quelques mouvemens ; elle éprouva dans le même tems une foiblefle & un épuifement qui, après l'avoir menacé long-tems de fa mort, fe diffiperent totalement au bout de dix-huit mois ; alors elle recommença fes pénibles travaux, qui étoient de couler & laver les leffives, tourner la roue chez les potiers d'étain, moiffonner dans la faifon, &c. ce qui ne l'empêcha pourtant pas d'avoir du lait pendant plus de trente ans, depuis cette groffeffe ; circonftance dont plufieurs perfonnes de *Joigny*, où elle demeuroit depuis cinq ans, ont été témoins oculaires ; mais en revanche fes regles ont entiérement difparues.

Le 14 juillet 1747, elle fut attaquée d'une fluxion de poitrine, dont elle eft morte à l'Hôtel-Dieu de cette ville le 22 du même mois, âgée d'environ 62 ans. Ayant été informés des circonftances ci-deffus, Meffieurs *Bourdois de la Mothe*, & *Chomerau*, procéderent à l'ouverture du bas-ventre, dont les tégumens étoient très-minces ; ils y trouverent une tumeur ovale comme fchirreufe , de la groffeur de la tête d'un homme, fituée dans les régions hypogaftriques & ombilicales, s'étendant plus du côté droit que du côté gauche : elle étoit adhérente à l'épiploon, au péritoine, au méfentere, au fond de la matrice & à fes dépendances, & immédiatement logée dans la trompe droite de fallope.

Cette maffe qui pefoit plus de huit livres ayant été féparée de fes adhérences & ouverte , ils y obferverent un enfant mâle, bien conformé , de la groffeur & grandeur d'un fœtus à terme , qui avoit quatre dents incifives , dont deux étoient fupérieures & les deux autres inférieures ; il ne nageoit dans aucune liqueur , & n'avoit aucun odeur défagréable.

Sa peau, dont l'épaiffeur ainfi que celle des os étoit plus confidérable que de coutume , étoit d'un jaune terne, & la couleur des mufcles du bras , qui font les feuls qu'ils découvrirent , reffembloit à celle d'un cadavre ; ce qui formoit cette maſſe partie oſſeuſe, partie cartilagineuſe, n'étoit autre choſe que les enveloppes ordinaires, le *chorion* & *l'amnios*, qui s'étoient oſſifiés, & qui laiſſoient voir deux lames très-diſtinctes, l'épaiſſeur étoit différente dans l'endroit où répondoit le *placenta*, qui étoit auſſi-oſſifié ; elles étoient épaiſſes de quatre lignes, & de deux ſeulement dans le reſte de la circonférence.

La face externe étoit légérement inégale & comme graveleuſe, & la face interne retenoit l'empreinte des différens membres du fœtus, ſemblables aux os du crâne où ſont marquées les circonvolutions du cerveau ; dans la partie où le *placenta* étoit oſſifié & ſe trouvoit uni aux membranes, ils remarquerent une ouverture de la largeur d'une maille, qui ſervoit de paſſage au cordon ombilical, qui étoit deſſéché.

Ils paſſerent enſuite à l'examen des autres parties contenues dans le bas-ventre de la femme ; ils les trouverent ſaines & en bon état, à la reſerve de celles qu'ils furent obligés de faire déchirer pour emporter la maſſe.

Telle eſt l'hiſtoire que Meſſieurs les médecins & chirurgiens de *Joigny* ont bien voulu communiquer à feu mon pere ; elle va donner lieu à des réflexions intéreſſantes pour la phyſiologie & l'hiſtoire naturelle ; je négligerai en leur faveur les remarques que je pourrois faire ſur le défaut de fidélité dans les rapports qui rendent pluſieurs mémoires & obſervations de médecine ſuſpectes & préjudiciables au bien de l'humanité ſoufrante : l'exactitude que paroiſſent avoir apporté les auteurs de la narration dans les détails méritant ma confiance, je ſuivrai la nature dans la marche qu'elle a tenue pendant le cours de la groſſeſſe de *Marie de Breſſe* ; je tâcherai d'expliquer les phénomenes extraordinaires qu'elle préſente, & je ferai voir que les loix générales, établies pour la conſervation & la création des êtres vivans, ſoufrent des exceptions que je range dans la claſſe des poſſibilités qui font autant admirer la toute-

puiſſance

puiſſance de leur auteur, qu'elles excitent la curioſité du phyſicien & du naturaliſte.

Marie de Breſſe, à l'époque de ſon mariage étoit âgée de 16 ans; elle éprouve une perte conſidérable, ſuivie d'une fauſſe-couche ſans accidens fâcheux; elle fut bien réglée juſqu'en mars 1716, que commença ſa groſſeſſe, accompagnée de ſymptômes ordinaires, juſqu'au tems fixé par la nature pour l'accouchement; elle paſſe deux jours dans les douleurs les plus vives; la ſage-femme ſe diſpoſe à la délivrer; le bain percé annonce la ſortie prochaine de l'enfant; on eſt enſuite ſurpris de s'appercevoir par le tact que la matrice n'étoit pas chargée comme ci-devant, & que le ventre n'étoit plus auſſi gonflé qu'avant l'évacuation des eaux. Les tentatives de la ſage-femme ſont infructueuſes; l'accouchement n'a pas lieu, quoique l'enfant témoigné par ſes divers mouvemens dans le ventre de ſa mere qu'il eſt plein de vie, premiere circonſtance.

Marie de Breſſe eſt viſitée par les chirurgiens de la ville de *Troies*, où elle fai-
ſoit ſa réſidence ; on décide que cette
femme eſt enceinte, que l'enfant n'eſt pas
contenu dans la matrice, qu'il faut procéder à l'opération céſariene : la femme
s'y oppoſe & confie à la Providence le
ſoin de ſa délivrance ; dans le dixieme
mois elle reſſent des douleurs vives &
paſſageres ſuivies de foibleſſe & d'un épui-
ſement, qui faiſoient craindre pour ſes
jours ; elles ſe diſſipent au bout de dix-
huit mois ; elle reprend ſes travaux ordinaires, ſeconde circonſtance.

Plus de trente ans ſe paſſent ſans qu'il
ſoit queſtion d'accouchement ; les mamelles ſont remplies de lait, & les regles
n'ont pas parues depuis l'époque de ſa
groſſeſſe juſqu'au 14 juillet 1747, qu'elle
eſt attaquée d'une fluxion de poitrine,
dont elle meurt le 22 du même mois, âgée
de 62 ans, troiſieme circonſtance.

On procede à l'ouverture du cadavre,
on découvre dans les régions hypogaſtri-
ques & ombilicales une tumeur ovale,

groſſe comme la tête d'un homme, pan-
chée plus du côté droit que du côté gauche, adhérente à l'épiploon, au péritoiñe,
au méſentere, logée dans la trompe de
fallope, & peſant huit livres; on trouve
un enfant mâle, bien conformé, grand
& gros comme un fœtus ordinaire; il
n'exhaloit aucune odeur déſagréable &
ne nageoit dans aucune liqueur; ſa peau
& ſes os étoient plus épais que de coutume; ils étoient d'un jaune terne, les
enveloppes communes, le chorion &
l'amnios, qui formoient la tumeur, étoient
partie oſſeuſes, partie cartilagineuſes & laiſſoient entrevoir deux lames bien diſtinctes,
& différentes dans l'endroit où répondoit le
placenta auſſi oſſifié. L'intérieur des membranes, dont on vient de parler, avoit
reçu l'impreſſion des membranes de l'enfant, comme l'intérieur du crâne reçoit
celle des circonvolutions du cerveau; enfin, le placenta laiſſoit au cordon ombilical un paſſage de la largeur d'une maille,
quatrieme circonſtance.

La premiere époque n'offre rien que

d'ordinaire, le tems de l'accouchement
est dans le neuvieme mois ; on ressent
des douleurs très-vives, on espere être
promptement délivrée ; les tentatives de
la sage-femme se réduisent à prouver l'é-
coulement des sérosités, qui forment le
bain dans lequel nage l'enfant ; la matrice
paroît désemplie, & le ventre diminué
de volume, la délivrance ne paroît alors
que retardé ; c'est ce qui arrive commu-
nément aux femmes enceintes, dont le
bain se perce, même quelques jours avant
l'accouchement : cette circonstance peu
favorable n'est cependant fâcheuse que
pour peu de sujets ; elle doit servir à pré-
cautionner les accoucheurs & les sage-fem-
mes contre la précipitation qu'ils appor-
tent dans le tems qu'ils aident le travail
de la femme en couche ; il est expédient
de ne mettre en œuvre les attouchemens
que dans les tems nécessaires, de ne point
occasionner prématurément l'écoulement
des eaux, destinés à faire sortir plus facilement le fœtus, après avoir lubrifié les
passages ; on a vu des accouchemens labo-

rieux n'avoir d'autre caufe qu'un défaut
de patience ou un zele peu éclairé, ten-
dant à retarder plutôt qu'à avancer l'o-
pération; les irritations qu'on excite dans
les parties du corps les plus fenfibles &
les plus délicates, font naître des gonfle-
mens & une inflammation locale, dont
les fuites font toujours à craindre, non-
feulement dans le tems de la délivrance,
mais encore après. Combien de fievres
aiguës, de maladies graves & quelquefois mortelles qui n'auroient pas eu lieu
fans la violence qu'on emploie quand
on procede à une opération, dans laquelle
on doit plutôt aider la nature avec douceur, que de la forcer, excepté dans les cas
fâcheux prévus par les maîtres de l'art?
Nous allons faire connoître dans l'inftant
que le deff*échement* de la matrice a été
l'origine de l'événement furprenant qui
doit nous occuper, & nous admirerons
l'induftrie de notre mere commune, qui
s'eft fervie des moyens les plus fages pour
conferver l'enfant, & le préferver de la
corruption.

La seconde époque détermine l'avis des chirurgiens de la ville de Troies. Marie de Breffe est enceinte ; l'enfant n'est pas selon eux contenu dans la matrice, on ne peut la délivrer que par l'opération céfariene : cette délibération n'est pas suivie, & après bien des douleurs, accompagnées de foiblesse & d'épuisement qui menacent sa vie, elle reprend au bout du dix-huitieme mois le cours de ses occupations ordinaires, comme s'il n'étoit pas question de groffesse.

Voici précifément le tems que la nature choifit pour opérer le grand ouvrage qui a décidé de la confervation du fœtus, détenu comme en prifon dans le ventre de la mere, voyons de quelle maniere cette admirable confervatrice du genre-humain procédéra pour réuffir dans fon deffein de le retenir plus de trente années fans corruption.

Nous avons vu plus haut que les eaux deftinées dans la groffeffe naturelle à mettre la vie du fœtus à l'abri du choc des parties environnantes s'étoient écoulées, taries, & totalement épuifées, il ne reftoit plus d'autre reffource que d'enlever par force l'enfant retiré dans la trompe droite de fallope.

Les chirurgiens de *Troies* avoient donc décidé avec beaucoup de difcernement que l'accouchement naturel étoit impoffible, & qu'il falloit en venir à l'opération céfariene ; la femme y répugne ; la nature eft obligée de fuppléer à ce moyen auffi falutaire que périlleux ; elle forme un rempart affez folide pour défendre fon protégé, & conferver la vie de la mere ; le *chorion*, l'*amnios*, ne devoient plus faire qu'une feule enveloppe, en fe réuniffant avec le *placenta*, dont tous les membres, au moyen de cette enveloppe, pouvoient être contenus dans l'immobilité. Cette opération eft effentielle, parce que ce prifonnier fera pendant plus de trente ans comme un fujet mort au monde, fans donner des fignes de vie, enforte qu'il refte à favoir fi cet enfant a vécu ou non pendant ce long efpace de tems ; mais dans l'un ou l'autre de ces événemens il étoit expédient que la nature ufa des moyens les plus efficaces ou pour le nourrir, ou pour le préferver de la corruption. Les époques fuivantes nous les indiqueront, de maniere à nous convaincre de la poffibilité de ce fingulier phénomene.

Nous apprenons par la troifieme que les mamelles de Marie de Breffe étoient remplies de lait, & que fes regles ne parurent plus jufqu'au 14 juillet 1747.

Voilà donc les chofes dans l'état où elles font ordinairement pendant le cours d'une groffeffe naturelle ; il n'y a donc eu rien de changé par rapport au fœtus péndant l'efpace de plus de trente années. Il pouvoit donc fe nourrir comme tout autre ; il ne devoit pas être plus gêné ; partie des regles fervoit à la nourriture & entretien de ce tendre individu, & le plus fouvent fournissoit aux mamelles cette liqueur blanche, douce & agréable, qui devoit le nourrir dans le cas où l'accouchement auroit eu lieu ; & dans le cas de délai, elle étoit journellement reforbée par les vaiffeaux fanguins, pour rafraîchir le fang, réparer fes pertes, & même augmenter la portion de l'enfant par la voie de correfpondance qu'on fait être entre les vaiffeaux mammaires & les utérins.

La quatrieme époque eft d'autant plus intéreffante qu'elle dévoile dans le plus grand détail tout le myftere & les reffources qui ont été employées en faveur de la confervation & de l'entretien du fœtus.

Marie de Breffe, attaquée d'une forte fluxion de poitrine le 14 juillet 1747, meurt le 22 de ce mois. Son cadavre ouvert, on trouve dans la capacité du bas-ventre une tumeur ovale, fort confidérable, immédiatement logée dans la trompe droite de fallope. Voilà donc le jugement de Meffieurs les médecins & chirurgiens de Troies confirmé; s'il exifte un enfant, il n'eft pas contenu dans la matrice, il eft logé dans un canal qui s'étend latéralement depuis le fond de cet organe jufques vers les os du baffin dans la duplicature des ligamens larges; cette tumeur eft ovale, parce que les parois du conduit s'étendant en raison du volume du corps qu'il renferme, elle ne peut franchir les bornes du ligament fixé à un des côtés du baffin; elle eft confidérable, puifqu'elle égale la tête d'un homme; elle eft fchirreufe, adhérente à la matrice, & fes dépendances à l'épiploon, au péritoine & au méfentere. Telle eft l'admirable prévoyance du fouverain Créateur des êtres! Un fœtus doit refter plus de trente ans renfermé; il s'agit d'affurer fon exiftence, de conferver fa vie, ou, s'il 'refte privé de cette précieufe prérogative, il ne faut pas que fon état de mort tranche le fil des jours de fa mere; il mettra donc fon logement à l'abri de toute infulte; il le fixera d'une maniere immuable à toutes les parties environnantes, comme à autant de colonnes qui feront fes barrieres; s'il ne nage plus dans un bain établi en faveur de fa délicateffe, il conftruira une cuiraffe inacceffible aux ennemis qui voudroient le détruire; les deux membranes, le chorion & l'amnios, mis au placenta, fe rapprocheront l'une de l'au-

tre, parce que, leur foupleffe n'étant plus
entretenue par la férofité qui les humec-
toit continuellement, elles ne formeront
plus qu'un feul corps par le moyen d'un
gluten intermédiaire ; les humeurs lympha-
tiques qui y aborderont par la fuite, fervi-
ront à confolider les parois de ce mur
de défenfe, qui prendront, ainfi que le placenta, une confiftance fchirreufe, puis cartilagineufe, enfin offeufe ; fi cette prifon
eft étroite, fi elle devient impénétrable,
il en coûtera peut-être la vie à l'enfant,
parce qu'étant fufceptible d'accroiffement,
comme tout être vivant, il ne peut éten-
dre les bornes de fa maifon trop bien for-
tifiée ; fes efforts fe multiplieront, au point
de laiffer fur la face interne de fon enveloppe des fillons femblables à ceux que l'on
remarque à la furface intérieure des os
du crâne, formée par les arteres de la
dure-mere & des circonvolutions du cerveau ; mais, s'il fuccombe par hafard à la
trop grande preffion, il reftera du moins
dans un état d'incorruptibilité, favorable
à la confervation de la mere, morte âgée

de 62 ans, à la suite d'une fluxion de poitrine, maladie auffi dangereufe que commune parmi les perfonnes affujetties à de
rudes travaux. Les médecins & chirurgiens de la ville de Joigny obferveront donc
dans l'intérieur de la tumeur difféquée
un fœtus mâle, d'une groffeur & d'une
grandeur ordinaire, n'exhalant aucune
odeur défagréable, ne nageant dans aucune liqueur, parce qu'il a été confervé
dans un état fain ; ils trouveront la peau
& les os plus épais que de coutume,
parce que cet enfant a pris des degrés
d'accroiffement, qui ont plus influé fur
cette partie que fur toute autre, attendu
qu'il étoit gêné & comme blotti dans fa
petite demeure ; que fon état d'extenfion
& d'agrandiffement étoit affez figuré par
les fillons & les moulures remarqués
dans toute l'étendue de la furface intérieure de l'enveloppe générale ; il étoit impoffible que cette barriere put être fran-
chie, puifqu'elle avoit non - feulement
contracté une parfaite adhérence avec les
membranes voifines, mais qu'elle avoit

outre cela acquis avec le placenta une confiftance fchirreufe , cartilagineufe , offeufe; ces gens de l'art découvriront même
les lames -diftinctives du chorion & de
l'amnios, & dans la diffection qu'ils feront
des mufcles du bras , ils remarqueront
que la couleur de fes parties charnues eft
cadavereufe, parce que l'état de maladie
de la mere & fa mort ont opéré un changement général , dont l'enfant s'eft ref-
fenti, & qui n'a pu avoir lieu que dans
cette circonftance , puifqu'il eft conftaté
qu'il a refté jufqu'à cette 'époque dans un
état d'incorruptibilité, foit qu'il fut vivant,
foit qu'il eût fubfifté mort, l'efpace de trente
ans & plus , dans le ventre de fa mere.

Mais, dira-t-on , comment pouvez-
vous concevoir que ce fœtus ait vécu
un auffi long-tems fans mouvement dans
un lieu auffi petit , entouré d'une enveloppe peu fufceptible de dilatàtion , fans
nourriture , puifque le cordon ombilical
étoit defféché , que le placenta, l'amnios
& le chorion , s'étoient prefqu'offifiés? Il
ne reftoit plus de voie à la nature pour

tranſmettre au fœtus ſa ſubſiſtance , com_ment s'imaginer, d'un autre côté , qu'il fût mort & reſté incorruptible ? On ſait que tout enfant mort tombe en diſſolution, & que, ſi l'art ou la nature n'en procure pas la ſortie, la corruption qu'occaſionne ſa préſence non – ſeulement met en péril la vie de la mere , mais même la lui enleve.

Ces deux objections ſont très - importantes , ont l'expérience pour elles ; on peut néanmoins y répondre & faire connoître que l'un & l'autre de ces deux états ſont poſſibles & doivent être rangés dans la claſſe des exceptions aux loix générales , établies par.le ſouverain Arbitre de toutes choſes ; elles ſont rares à la vérité. C'eſt en cela que nous devons admirer la toute puiſſance du Créateur, qui ſe plait à multiplier ſes chefs'-d'œuvres juſques dans les objets qui nous paroiſſent les plus indifférens & les plus abjects ; en conſéquence nous nous propoſons d'examiner deux queſtions ; la premiere , ſi un fœtus peut reſter vivant l'eſpace de trente ans dans

le ventre de fa mere ; la feconde, s'il peut
y féjourner, privé de la vie, fans contracter corruption.

PREMIERE QUESTION.

Un enfant peut-il vivre trente ans renfermé dans le ventre de fa mere ?

Ce probléme fe refoudroit fort aifé-
ment, & on foutiendroit la négative, fi
l'hiftoire ne nous eût pas tranfmis plufieurs exemples de fujets vivans qui ont
féjourné, fans perdre la vie, dans des retraites encore plus refferrées & moins fuf-
ceptibles de foupleffe & d'extenfion que
le logement étroit qui a recélé pendant
plus de trente ans le fils de Marie de
Breffe. Nous lifons dans le Mercure de
France qu'on a découvert dans une pierre
de taille, détachée d'un ancien pont de
riviere qu'on démoliffoit, un gros ferpent fort long, endormi, replié fur lui-
même, vivant & parfaitement moulé dans
le centre de ce corps dur, inacceffible à
toutes fortes de nourriture ; on rapporte

dans le même recueil qu'on a trouvé dans le milieu du tronc d'un vieux chêne entiérement fain un gros crapaud vivant. Tout le monde fait que cet arbre décele le nombre de fes années par des raies diftinctives, formant toutes des cercles concentriques jufqu'à l'écorce, en forte que le premier cercle, qui défigne la premiere année, en eft le point central; c'eft dans cette enceinte étroite que l'Auteur de la nature avoit placé l'animal dont je viens de parler; comment s'y étoit-il introduit? comment fe nourriffoit-il depuis un grand nombre d'années? L'air eft-il un élément affez fubtil pour pénétrer cette demeure profonde à travers tant d'obftacles qu'offrent les cercles concentriques; & fi l'air ne s'y eft pas introduit, comment ont pu s'exécuter les mouvemens alternatifs de la refpiration, fans lefquels tout être animé perd la vie?

Si nous voulons porter nos vues fur des objets moins extraordinaires, mais qui piqueront autant notre curiofité, confidérons ce qu'on obferve journellement

dans

dans la noix de galle , efpece de tubéro-
fité , de tumeur irréguliere qu'on rencontre fur les feuilles de chêne ; lorfqu'on
fe donne la peine de les ouvrir , on voit
dans leur centre un petit noyau affez dur,
dans lequel eft blotti un infecte ailé , dont
le corps & la figure reffemblent en tout
au grand fourmi. Cet animal s'y nourrit
jufqu'à ce que la feuille fe détachant de
la branche , elle tombe à terre & ne re-
çoive plus de fucs ; alors le fourmi ailé
manque de fubfiftance ; que fait - il dans
cette occafion critique ? Il ne néglige aucun moyen pour rompre des liens qui
le retiennent dans fa prifon ; il foutient &
perpétue fon exiftence aux dépens de la
noix de galle , qu'il trouve dans différens
endroits ; il fe dégage de fes entraves & fe
met en pleine liberté ; c'eft pourquoi la
noix de galle defféchée paroît percée en
plufieurs points. Comment ont pu s'opérer
tant de merveilles ? Qui a fait trouver l'infecte dans le noyau de ce fruit tubercu-
leux? Comment a-t-il pu vivre , croître,
refpirer ? Comment s'eft - il déterminé à

D

chercher une nourriture ailleurs que dans fon logement natal ?

Ces exemples & beaucoup d'autres que je pourrois citer, tendent à prouver de la maniere la plus évidente que des corps vivans, pris dans la claffe des animaux, n'ont pas befoin d'un grand efpace pour les contenir, qu'ils y vivent renfermés, refferrés pendant une longue fuite d'années, qu'ils exiftent fans avoir befoin du mouvement alternatif de la refpiration, tout de même que l'enfant vit pendant neuf mois & plus dans le ventre de fa mere, y prend fes degrés d'accroiffement fans occafionner des douleurs bien fenfibles, parce que la dilatation de la matrice fe fait peu à peu & fans violence; le mouvement de la refpiration lui devenant inutile, tant qu'il eft dans fa prifſh, il ne s'en fert que quand il eft débarraffé des liens qui l'y retenoient ; alors l'air extérieur developpe le poumon, s'introduit dans les véficules dont fes lobes font compofés par l'action des mufcles intercoftaux & diaphragmatiques, voilà le mou-

vement d'inspiration; ce même élément
est ensuite chassé par une action opposée &
l'abaissement du poumon, qui presse &
vuide ses vésicules, ensorte que l'air sort
plus facilement de la poitrine qu'il n'y
étoit entré; ce second mouvement s'appelle expiration; c'est ainsi que s'opere le
doublement de la respiration, destiné à
rafraîchir le sang, le former, & lui donner la couleur rouge qui le distingue de
toutes les humeurs qui s'en séparent; il
sert aussi à l'exercice de la pàrole & à rendre les différens tons qui résultent de la
combinaison variée des notes de musique.
Ce que nous venons de dire, fait connoître
comment le serpent a pu vivre pendant un
tems immémorial dans le centre d'une
pierre de taille, le crapaud dans le cercle
central d'un gros chêne, & le fourmi ailé
dans le milieu du noyau de la noix de galle;
tous ces animaux viennent d'œufs qui se
sont trouvé par hasard dans le lieu de leur
naissance, la chaleur les a fait éclorre dans
un tems indéterminé; ils ont tous vécu
dans un état d'immobilité relative à la

petiteſſe de leur habitation ; ils vivent certainement ſans reſpiration , puiſque , ſi l'air
extérieur s'étoit fait un paſſage dans leurs
poumons , ils feroient morts ; on ſait que
tout animal quelconque qui a reſpiré ne
peut reſter pluſieurs minutes vivant ſans
reſpiration : voilà donc deux ſituations favorables à la conſervation & à l'entretien
de la vie de ces animaux ; ils ſont immo-
biles , ils ne reſpirent point ; par conſéquent le ſang & les humeurs ne demandent pas à être perpétuellement rafraîchis
& réparés ; loin de faire des pertes , leurs
corps ne ceſſent de recevoir des alimens ,
ſoit par abſorbtion , ſoit par l'introduction
d'un ſuc nourricier par les voies ordinaires ; c'eſt pourquoi le ſerpent s'eſt parfaitement bien ſoutenu par l'air & l'humidité
renfermés dans la pierre de taille , abſorbés
par les vaiſſeaux inhalans qui rampent dans ſa
peau , & par la pierre qu'il a rongé peu à peu ,
alimens propres à la ſubſiſtance de ce
reptil , qu'on voit ſe plaire dans les amas
de pierres , les rochers , & dans les ter-
rains humides & mouvans. Pour le cra-

paud, il vit ordinairement dans les marécages & dans l'eau ; le chêne lui a donc perpétuellement fourni des sucs suffisans pour son existence pendant quarante où cinquante ans. La peau de cet animal aquatique est fort souple, susceptible d'aplatissement, & le total de son corps s'alonge avec assez d'aisance ; on conçoit alors, que, quoiqu'il ait grossi au point d'être regardé comme un gros crapaud, il pouvoit n'occuper qu'un espace très-médiocre, mais suffisant, dans son état d'inertie, pour n'être point écrasé, puisqu'il a été retiré plein de vie du tronc de l'arbre ; quant au fourmi ailé, voyez comment mon fils établit sa naissance, sa conservation & sa délivrance dans un de ses Mémoires inféré à la fin de ce receuil.

On conçoit maintenant que, si l'Auteur de notre existence, de notre conservation, & de la fabrique du monde entier, n'a pas dédaigné de s'écarter des loix générales qu'il a établies en faveur des plus vils animaux qui sont restés sains, entiers à l'abri de toute corruption pendant un

D iij

tems immémorial, il a bien pu accorder le même avantage à l'enfant renfermé dans le ventre de Marie de Bresse: sa grossesse s'est déclarée quatre ans après une fausse-couche, précédée d'une perte de sang; neuf mois se sont écoulés sans accidens particuliers, les mouvemens du fœtus s'exécutoient comme dans les autres femmes; au bout de ce tems, terme fixé par l'accouchement, de Bresse ressent de très-vives douleurs pendant deux jours comme pour accoucher; on la met en travail, le bain se perce, se rend dans son entier, les douleurs cessent sans délivrance, le fœtus reste dans la trompe droite de fallope, continue de se mouvoir jusqu'aux environs du dix-huitieme mois, tems auquel se renouvellent de vives douleurs, semblables à celles de l'accouchement, accompagnées de foiblesse & d'épuisement; les deux termes passés, il n'est plus question de rien, l'enfant ne manifeste plus son existence par ses mouvemens; la femme ne ressent plus de vives douleurs, & réprend le cours de ses occupations ordinaires , qui ne furent interrompues que par la fluxion de poitrine , dont elle fut attaquée le 14 juillet 1747 , c'eſt-à-dire , trente ans après.

Il eſt donc conſtant que cet enfant a vécu l'eſpace de dix-huit mois , qu'au terme du neuvieme ſa mere pouvoit le mettre au monde , s'il eût été renfermé dans la matrice , que , ſans l'évacuation du bain , les vives douleurs qui annonçoient ſa délivrance prochaine , pourroient l'y précipiter & donner lieu à un accouchement heureux ; mais le bain évacué , la demeure du fœtus miſe à ſec , l'enfant n'a plus eu la force de ſolliciter ſa ſortie , faute de moyens ; c'eſt alors que le Conſervateur des êtres a fait pour lui ce qu'il fait pour le fourmi ailé ; d'un côté il a conſervé dans les mamelles de la mere le ſuc nourricier , qui devoit lui être envoyé pour ſa ſubſiſtance par la médiation de la correſpondance établie entre ſes vaiſſeaux & les utérins ; d'un autre côté il a fortifié ſa priſon par des murs ſolides , retenus par leurs adhérences avec les parties voisines ; il a détourné par des digues l'abondance de sang & d'humeurs , qui auroient pu l'etouffer ou le gêner ; l'embonpoint qu'a pris l'enfant pendant dix-huit mois , l'a mis en état de remplir entiérement sa maison , alors il est resté immobile , endormi comme le serpent , le crapaud & le fourmi ailé dont nous avons parlé ; il n'a plus eu besoin de nourriture abondante , un simple rafraîchissement journalier suffisoit pour son entretien ; aussi son corps est demeuré sain & entier jusqu'à l'époque de la mort de sa mere , qui peut-être a été suivie ou accompagnée de la sienne ; car il est bien certain que sa présence ne l'a occasionnée en aucune maniere. On seroit donc bien fondé à prétendre que cet enfant , né dans la trompe droite de fallope , y est demeuré vivant depuis le tems de la grossesse jusqu'à celui de la mort , & que son existence est une répétition de celle des animaux dont nous avons rapporté l'histoire ; il s'agit de savoir maintenant si ce sujet , ayant perdu la vie au dix-huitieme mois , a pu se conferver fans marque de corruption le même efpace de tems; c'eft le fujet de la feconde queftion.

SECONDE QUESTION.

UN enfant mort peut-il féjourner trente ans dans le ventre de fa mere fans con-tracter corruption ?

Nous avons prouvé, autant qu'il étoit en notre pouvoir, que l'enfant de Marie de Breffe a pu vivre immobile, endormi pendant trente ans, fans avoir befoin d'autre nourriture que les humeurs que fon foible corps repompoit à l'aide des vaiffeaux inhalans, répandus fur toute la furface de fa peau, correfpondans aux pores dont elle eft comme criblée; quelques traits hiftoriques & analogues nous ont fervi de pieces de comparaifon; feroit-il poffible maintenant d'établir l'affertion contraire, lui donner un air de probabilité qui fît croire qu'il a demeuré l'efpace du tems indiqué dans la trompe droite de fallope, fans avoir contracté corruption?

Nous sommes amplement convaincus que ce fœtus a vécu dix-huit mois; l'ouverture du cadavre de sa mere, faite après plus de trente ans de grossesse, nous a démontré que pendant le même espace de tems il a subsisté sain, incorruptible & sans mouvemens; que chacune de ses mâchoires étoit meublée de deux dents incisives. Ce phénomene annonce un accroissement relatif au tems où il a manifesté par ses mouvemens qu'il étoit plein de vie depuis cette époque remarquable; il est dans son logement comme un corps étranger, que son seul poids rend incommode; il y vit, s'y entretient à l'instar du serpent, du crapaud & du fourmi ailé, les mamelles de sa mere lui fournissent le lait dont elles sont remplies jusqu'à l'âge de 62 ans, terme que la nature accorde à la femme de Bresse en faveur de la conservation de son enfant, & qu'elle refuse aux personnes les plus robustes. Tout fait donc connoître l'intention & la marche du suprême Conservateur des êtres, qui veilloit sur un enfant vivant; mais quand au contraire un enfant meurt dans le ventre de fa mere, non-feulement le fujet devient un corps étranger, fatigant, mais même c'eft un deftructeur, à moins qu'il ne tombe en fupuration, ou qu'il ne forte par portions ou entier, par un accouchement laborieux; on a néanmoins plufieurs exemples de fœtus reftés morts dans le ventre de leur mere, qui n'ont point entraîné leur perte, parce que leurs parties s'afaiffant avant d'avoir été corrompues, elles ont pris une confiftence cartilagineufe, offeufe, & même pierreufe : dans cette circonftance, des plus heureufes pour la confervation de la mere, la fanté eft toujours altérée, la vie traverfée par des indifpofitions journalieres; une fievre lente la rend languiffante, jufqu'à ce qu'il furvienne une hydropifie ou une autre maladie, qui tôt ou tard termine des jours paffés dans la trifteffe. Voilà ce que nous apprend l'expérience; fi dans l'exemple que nous allons rapporter la femme qui en eft le fujet, a furvécu au malheur qui lui eft arrivé de conferver mort l'enfant mâle qu'elle

portoit dans la trompe droite de fallope,
c'eſt qu'elle a eu l'avantage d'avoir pour
elle une nature bienfaiſante qui l'a mieux
ſervi que toute autre Cette bonne mere
a fait tomber les parties molles du fœtus
en diſſolution, les a repouſſées & chaſ-
ſées au-dehors, elle a fait plus, elle a
procuré la ſortie d'une portion de mâchoire munie de toutes ſes dents, en ex-
citant la fievre, qui fut terminée par un
dépôt d'humeurs à l'ombilic, ce qui a
formé une tumeur dure, inflammatoire
avec élancemens, & enfin a déterminé
un abcès dont l'ouverture a facilité l'ex-
pulſion du corps étranger dont je viens
de parler. Voici mot pour mot l'hiſtoire
de cet événement tranſmiſe dans le recueil
des obſervations de pratique de mon aïeul.

« En 1702, j'ai vu la femme d'un nommé *Montauban*, tonnelier, demeurant à
Coſne-ſur-Loire; elle étoit travaillée d'une
fievre lente, avec tumeur à l'ombilic; elle
ſe plaignoit auſſi de douleurs vives & lan-
cinnantes qu'elle rapportoit à cette région : je conçus auſſi-tôt que cette fievre

détermineroit par la fupuration , qu'il étoit
très - important de l'accélérer ; pour réuffir je fis appliquer fur cette tumeur quelques cataplafmes , jufqu'à ce que j'apper-
çuffe qu'elle étoit fuffifamment ramollie ; je
la fis enfuite ouvrir par le nommé Perrot,
fon chirurgien ; il en fortit une grande
quantité de pus louable ; le lendemain cet
artifte fentit , en fondant l'ouverture , un
corps dur , qui réfiftoit à la fonde ; je
follicitai dès lors la dilatation de la plaie,
qui fut faite vingt-quatre heures après ;
on fit effectivement fortir le corps qui
avoit réfifté à l'inftrument ; c'étoit la moitié de l'os de la mâchoire inférieure d'un
enfant , dans laquelle étoient enchaffées
toutes les dents , même les molaires qu'on
obferve dans les adultes ; ces offelets néanmoins étoient de la groffeur de ceux des
enfans ; j'emportai cette piece , la montrai
à beaucoup de perfonnes , & la confervai
pendant quelques années , c'eft-à-dire ,
jufqu'en juin 1708 , tems de mon démé-
nagement pour revenir à Auxerre ; alors
elle s'égara , fans qu'il me fut poffible par

la suite de la recouvrer ; J'avois recommandé au chirurgien d'ouvrir cette femme , dans le cas où il la survivroit ; je me persuadois avec assez de fondement qu'il y trouveroit les restes du squelette d'un enfant logé dans la trompe droite de fallope. Cette femme fut radicalement guérie de son abcès , ne fut plus sujette à des coliques dont elle avoit cruellement souffert de tems à autres , depuis l'âge de 27 à 28 ans ; elle en avoit alors 60 ; mais son chirurgien étant décédé , j'ai appris qu'elle étoit morte , sans qu'on eût eu la curiosité de la faire ouvrir. Ce squelette ne pouvoit venir que de sa premiere grossesse où vraisemblablement il y eut une superfétation ; le second enfant ayant été suffoqué à l'endroit que j'ai ci-dessus désigné , les parties charnues tomberent petit à petit en supuration par les voies naturelles ; ce qui me fait conjecturer que la chose arriva comme je le pense , c'est qu'elle fut languissante & très-malade sur la fin de sa grossesse , même après ; pendant ce tems elle eut à soutenir une fievre lente avec un dégoût pour toutes chofes; elle ne ratrappa jamais fa couleur naturelle; au contraire, elle demeura toujours pâle, prefque défigurée; quelques années après les coliques ci-deffus rapportées furvinrent & ne ceffe. rent de tourmenter la malade que quand la demie mâchoire, renfermée dans l'intérieur de la machine fut fortie; cette femme néanmoins s'étant rétablie de fa fievre, à fa couleur près & fa langueur qui ne changerent pas de face, elle eut des enfans au bout de deux ans, & dans la fuite, au nombre de fept, tant mâles que femelles, quoique, felon toutes les apparences, la trompe droite fut occupée, & par conféquent les parties voifines du même côté impropres à la conception ; ce qui détruit & ruine de fond en comble l'opinion autrefois généralement reçue, qu'on enfeignoit même dans les écoles: *mares à dextris, fœminæ verò à finiftris*, puifque les enfans qu'elle a eu depuis cette groffeffe, ne font venu que de l'ovaire gauche. „

Cette obfervation fournit matiere à bien

des remarques importantes; les singulari-
tés qu'elle renferme la rendent au moins
aussi curieuse & intéressante que celle dont
les médecins & chirurgiens de Joigny
nous ont conservé le détail; l'enfant de
Bresse a été trouvé mort quand on a fait
l'ouverture du cadave de sa mere, la maladie vive qu'elle avoit contractée par accident, influa sur le fœtus, qui partagea l'in-
fortune; il mourut dans le même tems
que celle qui le portoit; tout est dans
l'ordre naturel, attendu que la circulation
du sang, qui abreuvoit toutes les parties
du corps de la mere, entretenoit & per-
pétuoit la vie de l'enfant; mais cette circulation a cessé par la mort; par consé-
quent toute fonction a été anéantie dans
l'un & l'autre individu; aussi les médecins
& chirurgiens de Troies ont-ils remarqué dans la dissection des muscles d'un
des bras du fœtus, que ces chairs avoient
une figure cadavereuse, ce qui certainement n'existoit pas avant la mort de Marie de Bresse; car, si l'enfant avoit pu se
conserver mort dans un état sain & entier,

on.

on ne voit pas pourquoi la mort de la mere y eût apporté quelque changement, & qu'il eût contracté une couleur cadavéreuse; on fait que dans cette circonftance fatale les parties molles fe diffolvent, fe corrompent en fort peu de tems; il falloit donc, pour la confervation de cet enfant, qu'il y eût de fa mere à lui une correfpondance intime, par le moyen d'une circulation perpétuelle de fang & d'humeurs, chofe abfolument impoffible, puifque le fang ne peut pas circuler dans un fujet mort. Il eft donc par là prouvé, autant qu'il peut l'être, que l'enfant de Marie de Breffe a vécu dans le ventre de fa mere l'efpace de plus de trente années, & près de trente dans un état de fommeil & d'immobilité, comme le ferpent, le crapaud & la fourmi ailée ont fubfifté dans leurs retraites.

Nous avons d'ailleurs démontré, par l'hiftoire de la femme du tonnelier Montauban, qu'il eft impoffible que ce fujet eût refté fain & entier dans un état de mort, & fans caufer à fa mere des maladies graves. La femme Montauban accouche à l'âge de vingt-sept ans pour la premiere fois ; depuis cette époque jusqu'à soixante ans , elle est cruellement tourmentée de tems à autre par des coliques ; c'est à ce terme qu'attaquée d'une fievre vive, il lui survient à l'ombilic une tumeur dont on fait l'ouverture , par laquelle on fait sortir la moitié de la mâchoire inférieure , ornée de toutes ses dents , même des molaires. Dans l'intervalle de ce long espace de tems, c'est-à-dire, de 33 ans , la Montauban devient mere de sept enfans, tant mâles que femelles ; mais ce ne fut qu'au bout de deux ans , c'est-à-dire, après que la fievre lente & le dégoût pour toutes sortes d'alimens se furent dissipés, accidens qui avoient commencé à se manifester sur la fin de la premiere grossesse. Ce laps de tems fut assez considérable pour permettre à la nature de se décharger par la voie ordinaire des parties charnues du fœtus , tombées en dissolution , ensorte qu'il ne resta plus de cet enfant que son squelette , incapable de nuire à la mere d'une maniere fenfible : à cette époque la fievre & le dégoût général s'éteignent, la langueur & la pâleur regnent, les coliques furviennent jufqu'au tems de l'extraction de la mâchoire inférieure mentionnée. Ce dernier événement n'auroit peut-être pas eu lieu, fi cette partie conftitutive du fquelette ne s'en fût féparée, puifque fa fortie par l'ouverture faite à la tumeur obfcedante fit éclipfer tous les accidens, & que la préfence du fquelette n'empêcha pas la femme Montauban d'avoir des couches heureufes, & d'être par la fuite mere de fept enfans, tant mâles que femelles. A l'âge de foixante ans elle fe débarraffe de la mâchoire dont nous venons de parler ; c'étoit un corps étranger qui, féparé du fujet auquel elle appartenoit, jouoit dans la capacité du bas-ventre un rôle dangereux ; il falloit l'expulfer, la fievre fe déclare, il furvient une tumeur à l'ombilic ; l'offement fe préfente vers fa bafe ; il détermine par fon féjour la fupuration ; le chirurgien fait l'ouverture de l'abcès, il en fonde la profondeur, découvre le corps

E ij

étranger, l'enleve, & délivre la malade de
ses coliques & de son état de langueur;
le squelette auquel appartient la mâchoire,
continue à demeurer dans son logement
sans causer de douleurs, parce qu'il ne
faisoit qu'un seul & même tout avec la
trompe droite de la matrice, & qu'il étoit
corps dur. Il est à présumer, comme le
pense judicieusement notre auteur, qu'il y
avoit eu dans la premiere grossesse une
superfétation; il est même à penser que ce
second enfant, dont la mere n'a pas accou-
ché a vécu plus d'un an au-delà du terme
ordinaire, puisque ses mâchoires avoient
toutes leurs dents, même les molaires.

Dans cette hypothese il faudroit conclure que la formation des dents peut se
faire pendant un laps de tems aussi court,
ce qui n'est pas dans l'ordre de la nature;
l'expérience nous apprend au contraire
qu'elle n'est parfaite qu'à sept à huit ans
dans certains sujets, & plus tardive dans
d'autres; on pourroit même conjecturer
avec assez de fondement que le fœtus dont
il est question, a vécu plusieurs années

dans la trompe droite de fallope , à l'inftar de l'enfant de Marie de Breffe ; que la diffolution & l'expulfion des parties molles fe font opérées dans un tems indéfini ; c'eft-à-dire, immédiatement après fa mort, caufée, felon toute apparence , par les groffeffes de fa mere , ou les efforts violens qui font inévitables dans l'accouchement. Ce qui paroît favorifer cette opinion , c'eft que la fievre & le dégoût général n'ont céffé que deux ans après quand la Montauban eut un enfant ; la couche fut alors un événement heureux ; on peut dire que c'étoit une efpece de crife , qui débarraffa cette femme d'un hôte nuifible & dangereux ; cet ennemi chaffé, il furvint quelques années après des coliques , qui perfifterent à la tourmenter jufqu'au moment où elle fe trouva délivrée de la moitié de la mâchoire de fon enfant ; c'eft donc à la naiffance des coliques & non à aucune autre époque , qu'il faut remonter pour fixer le tems de la mort de l'enfant , qui fut fuivie, comme cela devoit être , de la diffolution & expulfion des parties molles ; comme le terme où ces coliques jouerent leur rôle n'eſt pas déterminé , nous ne pouvons pas ſavoir combien d'années a vécu le fœtus qui, ſans les différentes groſſeſſes de ſa mere, auroit donné le même ſpectacle que le fils dē Marie de Breſſe.

De tout ce que nous avons dit dans le cours de cette diſſertation, tirons les corollaires ſuivans.

COROLLAIRE PREMIER.

L'enfant de Marie de Breſſe a vécu juſqu'à la mort de ſa mere dans la trompe droite de fallope.

COROLLAIRE II.

Il eût été poſſible que celui de la Montauban eût vécu encore plus long-tems dans une demeure auſſi reſſerrée , ſi les groſſeſſes de cette mere n'euſſent tranché le fil de ſes jours.

COROLLAIRE III.

Il eſt de toute impoſſibilité que l'un &

l'autre fujet euffent subfifté fains & entiers dans un état de mort.

COROLLAIRE IV.

L'enfant de la Montauban feroit refté dans la trompe droite de fallope fous la forme de fquelette , fans occafionner à fa mere aucune maladie jufqu'à fa mort , fi la portion de la mâchoire , fortie par l'ouverture d'un abcès à l'ombilic , n'eût , en qualité de corps étranger , troublé fes fonctions.

MÉMOIRE

Sur un œuf trouvé dans un autre œuf.

ALLANT faire ma visite à l'Hôtel-Dieu, le 13 mars 1778, je me trouvai au moment où l'on caſſoit des œufs; un d'entr'eux en renfermoit un autre, dont la coque, auſſi bien conformée que celle de l'œuf ordinaire, étoit nichée dans la partie inférieure la plus large du blanc. Le 22 août 1780, on en trouva encore un à l'Hôtel-Dieu, contenu comme le précédent dans un œuf, avec cette différence, qu'il n'avoit point de coque, mais une membrane fort déliée, qui peu à peu s'eſt épaiſſie au dépens de la ſubſiſtance intérieure qui paroiſſoit jaunâtre; ils different encore en ce que le premier n'a point de jaune & reſſemble parfaitement aux œufs clairs. Je les conſerve tous les deux dans mon cabinet parmi d'autres morceaux d'Hiſtoire naturelle (*a*).

____

(*a*) Parmi ces morceaux que je poſſede ſe

Quant à la caufe de ces phénomenes, je vais laiffer parler mon fils ; je ne puis rien ajouter à l'explication qu'il en donne dans un de fes Mémoires, en date du 7 feptembre 1780.

« Les ouvrages du Créateur, dit-il, font autant de miracles, dont le dévelopement eft au-deffus de notre intelligence ; tout ce que l'on voit dans la nature, enchante l'homme qui fe livre à fon étude ; c'eft en vain qu'on veut pénétrer fes fecrets ; on n'en entrevoit que l'écorce : il femble même que le plus petit des êtres que comprennent les trois regnes, foit plus difficile à connoître que le plus grand, & que l'adreffe de l'ouvrier fe foit cachée plus particuliérement dans ces objets qui paroiffent moins fixer notre attention. Qu'eft - ce qu'une puce, un pédiculaire, une mite, un ciron? Ce font des animaux fort méprifables aux yeux du vulgaire;

trouve une tortue fupérieurement difféquée, & qui fait l'admiration des connoiffeurs ; elle eft l'ouvrage d'un negre, qui m'en a fait préfent.

ils raviſſent cependant ceux des naturaliſtes, qui voient avec un plaiſir toujours
nouveau que Dieu n'a pas pris moins de
ſoin pour leur création, leur nourriture
& leur conſervation, que pour celles de
l'homme ; que leur machine, ſelon les
mêmes loix, ſe conduit, & qu'ils ſont des
éléphans relativement à des animaux plus
petits : les plantes n'excitent pas moins
leur admiration ; le germe de leur production eſt caché dans une graine preſqu'im-
perceptible, qui, developpée par la chaleur
& la corruption de ſon corps, repréſente
en petit l'arbre entier ou la plante qu'elle
doit produire ; la terre la tient dans ſon
ſein, lui fournit un ſuc, qui en étend tous
les linéamens ; cette humeur ne ceſſera de
l'alimenter juſqu'à ſa parfaite deſtruction,
produira un tronc, une tige, d'où ſortiront
des branches, des feuilles, des fleurs &
des fruits ; l'air contribuera à ſa nourriture & à ſon accroiſſement par ſes moli-
cules qui s'introduiront par les pores de
ſes feuilles, de ſon écorce, &c. relativement aux obſervations inſérées dans les

premiers volumes de l'Académie royale des fciences.

Les minéraux n'ont point été négligés par l'Auteur de la nature ; le mêlange des différens élémens renfermés dans le fein de la terre, forme des mixtes, d'où réfultent différens foffiles, métaux, demi-métaux, qui s'accroiffent & fe multiplient par l'incorporation des plus petites parties, prennent une confiftance convenable, & font connus fous le nom général de mines.

Si toutes ces chofes attirent notre admiration, je ne puis m'empêcher d'être étonné toutes les fois que je m'occupe de l'hiftoire des fuperfétations. Qui peut concevoir l'induftrie de la nature fouvent bizarre dans fes productions, & quelquefois auffi extraordinaire que merveilleufe dans la multiplication de fes êtres ? Mon pere, médecin des Hôpitaux, m'apporta un jour un œuf tout formé, qu'il avoit trouvé dans un autre œuf, & quelques tems après il m'en fit voir un autre, qui ne différoit de celui-ci que parce qu'il n'avoit point de coque, & n'étoit couvert que d'une peau légere.

Ces phénomenes font affez rares; ils ont mérité l'attention des plus célebres naturaliftes; on conferve un œuf renfermé dans l'œuf chez le roi de Dannemarck; il eft au nombre des curiofités qu'on voit dans fon cabinet.

Ce qui s'obferve dans l'œuf, fe remarque auffi dans les animaux & les plantes; on en voit qui dès leur naiffance en contiennent d'autres, comme on peut s'en affurer à l'article fuperfétation dans le troifieme volume du Dictionnaire de Trévoux; on y rapporte entr'autres deux traits fort finguliers, tranfmis, l'un par Bartholin, & l'autre par Mentzelius, au fujet de deux enfans femelles qui font venu au monde groffes d'un autre enfant.

Il feroit fort difficile de rendre raifon de la maniere dont fe forment ces fortes de fuperfétations; fi l'homme doit fa naiffance à l'œuf, felon le fyftême généralement reçu par les phyficiens modernes, il n'eft pas douteux que l'hiftoire des en-

fans , dont parlent Bartholin & Mentzelius , ne doive fon origine à l'œuf renfermé
dans l'œuf ; en conféquence il ne feroit
pas étonnant qu'on eût trouvé un œuf
contenu dans l'œuf de la poule. Cette par-
ticularité auroit des exemples dans ces
exceptions de la loi générale , qui fait
naître chaque être animé féparément &
fans concentration de germe ; mais s'il fe
trouve des germes concentriques, les œufs
doivent l'être ; fuppofons qu'ils le foient,
ce qui eft conforme à cette rare obfer-
tion, le germe fe développe, l'œuf intérieur
& extérieur fe forment en même tems ,
la coque devient la lymphe glutineufe qui
entoure le jaune ; c'eft le même gluten que
le baron de Haller (*Prim. Lin.* cap. i.)
admet comme le principe des parties folides du corps humain ; on ne fe refufera
pas à la folidité de ce fentiment, quand
on examinera avec attention ce qui s'eft
paffé dans le fecond œuf dont je viens de
parler. Cet œuf paroiffoit rond , parce que
la lymphe jaunâtre n'étoit entourée que
d'une pellicule mobile , qui eft devenue

très - épaiſſe aux dépens de la liqueur ; elle auroit été métamorphoſée en coque dure, ſi la poule n'eût pas ſi - tôt pondu ſon œuf, parce que la chaleur de l'animal auroit tellement rapproché ces parties du liquide, qu'il auroit acquis une conſiſtance dure. J'ai coupé cette membrane. J'ai obſervé qu'au - deſſous d'elle il y en avoit encore une autre plus ſolide que celle que j'avois remarqué en premier lieu ; elle enveloppoit le reſte de liqueur qui n'avoit point été abſorbé. Il y a donc deux membranes concentriques, l'une qui ſert à renfermer le gluten deſtiné à la formation de la coque, & l'autre pour retenir la liquide dans lequel eſt renfermé le poulet, & qui doit fournir à ſa nourriture ; par conſéquent dans les œufs dont j'ai parlé il y avoit autant d'enveloppes concentriques qu'il en falloit pour conſerver les liqueurs glutineuſes ou jaunes qu'on remarque ordinairement dans chaque œuf.

Je ne puis pas porter plus loin mes réflexions, attendu qu'un humaniſte, âgé ſeulement de 15 ans, n'entend rien dans les matieres phyſiques , & que ce que j'ai dit qui y a rapport , ne s'eſt développé en moi que par la voie d'obſervations & les lumieres encore foibles de ma raiſon. ,,

L'académie de Dijon , dans ſon Hiſtoire littéraire pour l'année 1781 , a fait une mention très-diſtinguée de ce mémoire ; c'eſt une honneur que ne méritoit pas la médiocrité de l'ouvrage , & auquel mon fils & moi nous avons été très-ſenſibles.

Le grand Buffon me marque , dans une de ſes lettres, que ce vice de conformation dans l'œuf eſt très - commun. M: de la Tourrette , ſecretaire perpétuel de l'académie de Lyon , mande à peu près la même choſe à mon fils ; l'autorité de ces ſavans eſt très - reſpectable , rien n'a échappé & n'échappe encore à leurs yeux ; ils me permettront néanmoins de dire ici qu'à la vérité on trouve quelquefois des œufs couverts ſeulement d'une membrane légere & ſans coque ; mais rarement & preſque jamais des œufs avec coque & tout con- formés , renfermés dans d'autres œufs ; je ſuis ſoutenu dans cette opinion par les auteurs du grand Dictionnaire de Trévoux, qui citent comme un phénomene celui que l'on montre dans le cabinet du roi de Dannemarck. Est-il à présumer que ces savans eussent été chercher dans un royaume étranger un exemple de cette production, si la nôtre en fournissoit souvent?

LETTRE

L E T T R E

Adreſſée à M. le Baron de Haller , dans laquelle on voit la deſcription de l'her-maphrodite Drouart.

Monsieur.

Je dois réponſe à deux de vos lettres ; mes occupations m'ont empêché de vous la faire plus tôt. Elles excuſeront encore la briéveté de celle - ci.

J'ai reçu derniérement une lettre de M. Raſt, notre correſpondant ; j'ignorois ce qu'il étoit devenu ; je lui ai adreſſé pour vous un paquet, dans lequel ſont renfer-mées les douze queſtions tant de la diſpu-te de Lamure, Imbert, Serane, &c. que celles de la chaire de botanique & de chymie par Pellicot, Goyraud & les anciennes d'Haguenot, Bezac, &c. plus une trentai-ne d'autres ouvrages, & une épître d'un pere à ſon fils ſur l'onaniſme ; je vais en-voyer un exemplaire à Tiſſot, qu'elle in-téreſſe, puiſqu'elle eſt un extrait de ſon

F

ouvrage; je n'y ai pas joint les differtations qui ont remporté le prix de l'académie de Bordeaux & de celle de Dijon, parce que je penfe que vous les avez.

Le célebre Fournier en a envoyé fes obfervations fur le charbon malin, & fur la maladie épidémique des chiens, ainfi que fa differtation de fincope, inférée dans vos collections anatomiques; il ne lui refte qu'un exemplaire de *Catamenis*, dont il n'a pas jugé à propos de fe défaifir : pour ce qui regarde ces autres écrits, l'édition en eft épuifée; il n'en a pas pour lui-même; en conféquence, je ne vous fait part que de l'écrit fur la maladie épidémique. Cet auteur eft fi modefte, qu'il me dit dans fa lettre, que fa crainte feroit, s'il avoit des exemplaires de fes ouvrages, de tromper un homme auffi célebre que l'eft M. de Haller, en lui communiquant des productions qui ne font que des miferes. Je l'ai remercié de fon préfent, & lui ai témoigné le regret que vous auriez en apprenant que je n'ai pas pu fatisfaire à vos defirs.

Je vous chercherai d'autres ouvrages

pour un autre paquet ; je vous le ferai parvenir par M. Schlefer , ou par M. Neuhaus , ou par M. Moula , célebre mathématicien de Neuchatel & de l'académie de Pétersbourg , ou bien par M. Hartmann, baillif de Nion. Si je pouvois deviner ce qui vous feroit agréable , je vous le procurerois , à moins que la chofe me fut impoffible. Pour ce qui eft du préfent que vous m'annoncez, il me fera trop précieux, venant de votre main , pour que je ne m'empreffe pas de vous en remercier ; vous pouvez l'adreffer à Lyon à M. Peftalozzi , ou à M. Raft. Vos écrits , dont vous m'avez déjà envoyé une grande partie , me feront plus chers que tout autre , parce qu'en les lifant je m'inftruis, & j'ai l'avantage de me plaire & de converfer avec une perfonne qui veut bien m'honorer de fon eftime , que je tâcherai toujours de mériter.

Allioni de Turin , m'a fait préfent de fon ouvrage latin fur les plantes rares des Alpes; s'il vous manquoit , je pourrois lui en demander un exemplaire pour vous. Ce jeune homme donne les plus grandes efpérances ; les fociétés de Florence , Montpellier & autres , lui ont déjà donné des preuves de leur eftime , en l'affociant à leurs travaux.

Séguier de Nîmes , m'a fait auffi préfent de fes *Plantæ Veronenfes* , en trois volumes ; le cabinet de cet homme célebre eft un des plus curieux de l'Europe. Il m'avoit engagé , lorfque je pafferois à Nîmes , à l'aller voir ; je me rendis à fon invitation , il étoit pour lors à St. Ambrois , & ce fut le chevalier de Rofel qui me fit voir ces belles collections d'antiquités , qui raviffent d'admiration tous les étrangers ; il m'écrivit auffi-tôt de la maniere la plus honnête , que le feul regret que lui caufoit fon abfence , étoit de l'avoir privé du plaifir de me recevoir (*a*) ; il eft l'in-

---

(*a*) De toutes mes correfpondances celle de Séguier fut toujours une des plus flatteufes & des plus agréables pour moi ; l'amitié dont il m'a honoré m'a rendu bien fenfible fa mort , arrivée le mois de feptembre dernier ; la parque cruelle , qui depuis quelques années avoit exercé

time ami de Ludwig , célebre profeſſeur
en l'univerſité de Leipſick, & que vous
connoiſſez ſans doute.

___

ſes rigueurs ſur les Voltaire, Haller, Rouſſeau
d'Alembert , Vaucanſon , Duhammel, Metaſta-
ſio , Lovris, Beſout, Macquer, Danville , Di-
derot , Laſſini , &c. devoit - elle épargner ce
grand homme ? Eleve & compagnon de Sci-
pion Maffæi dans ſes voyages d'Italie , réfor-
mateur de Linnæus qui l'appelloit ſon maître,
rival de Tourenfort , un des plus grands anti-
quaires , des plus célebres naturaliſtes & des plus
jolis écrivains de ſon ſiecle , honoré de tous
les ſavans de l'Europe , chéri de ſes conci-
toyens , ſucceſſeur de M. Becdelievre évèque de
Nîmes, dans la place de protecteur de l'académie , tel étoit Séguier. Que manquoit - il
à ſa gloire ? Rien du tout : il méritoit de
vivre éternellement ; mais Dieu ne lui a accor-
dé cette jouiſſance dans le cœur & la mémoire
des hommes. En vain je m'efforcerois de
ſemer des fleurs ſur ſon tombeau ; en pourrois-
je ajouter à celles que ſon compatriote & ſon
ami, M. de Boiſſi d'Anglas , vient d'y répandre
dans une des feuilles du Journal de Paris du
mois d'octobre dernier. Séguier ne pouvoit

Avez-vous reçu des nouvelles de l'illuftre Meckel, de Walftorff, Caftell, Sprægel & de Brunn ? Je crois que la ville & l'univerfité de Gœttingue regréteront long-tems le profeffeur Gottfrid Zinn ; il n'avoit pas encore rempli fa carriere. Les lettres qu'il m'a adreffées refpirent la douceur de fon caractere & l'étendue de fes connoiffances ; après fon admirable hiftoire des yeux, je le regarde comme un des plus grands anatomiftes de l'Europe. Je fuis bien fenfible à l'indifpofition de Zimmermann ; eft - ce que l'air de l'électorat de Hannovre feroit contraire à fa fanté ? A cela vous me répondrez que la place de premier médecin eft un bon remede ; s'il faut lui faire l'opération, il ne peut être mieux qu'entre les mains de Sonnecker de Berlin. Je ferois charmé que mon bandage pût lui faire du bien ; je le fouhaite,

---

trouver un panégyrifte, dont le pinceau fut plus délicat ; la vivacité du coloris, la vivacité de l'expreffion, la beauté des nuances, tout répond à la dextérité du peintre, & le tableau fait d'après nature, ne laiffe rien à defirer.

d'autant plus, qu'il m'a fait redoubler
d'attachement pour lui par la maniere dont
il en a ufé envers moi, & par la docilité
avec laquelle il a reçu ma critique ; en
homme fage, il a vu que mon unique
but étoit de défendre la vérité ; il a vu,
d'un autre côté, que plufieurs célebres
phyfiologiftes, entr'autres Félice Fontana
de Raveredo, Caldani de Bologne, Cigna,
&c. après avoir vérifié mes expériences,
les avoient trouvé juftes ; il a vu que vous
les aviez cité vous-même comme décifi-
ves ; eût-il été le feul qui fe fût refufé à
l'évidence de mes principes ? Je voudrois
bien que MM. Laghi, Bianchi, Ranfpeck,
Lorvis, Girard de Villars, &c. recon-
nuffent auffi leurs erreurs.

Je fuis fâché de votre petite difpute avec
Hunter, c'eft un des plus grands anatomiftes de l'Angleterre ; il eft d'un naturel
trop doux pour ne pas avouer fes torts ;
vous faites bien de le rappeller aux dates.

Il eft vrai que Martini de Coppenhague,
que François Riveria de Parme, que Whitt,
Fabbri, fe font réunis pour approuver

votre opinion & la mienne fur les tendons; je les connois pour des gens finceres,
qui difent volontiers ce qu'ils penfent :
MM. Piaza , Miceri , Verna , Roffeni ,
Paliani , Muhlmann , & le Romain J. B.
Moretti, qui tous font nos amis & nos
défenfeurs dans cette matiere , n'auront
peut-être pas peu contribué à leur faire
ouvrir les yeux.

M. le comte de Lavaux - Urecowt,
chambellan du roi de Pologne, m'a marqué
qu'il alloit de nouveau folliciter auprès de
ce fouverain la réunion de fa fociété à la
nôtre.

Lamettrie étoit un mauvais fujet, quoiqu'avec un efprit extraordinaire. Vous
avez fort bien fait de défavouer fa dédi-
cace de l'*Homme machine* ; j'ai toujours
refufé de correfpondre avec lui ; fa mort
cruelle ne m'a point étonné ; c'eft ainfi que
finiffent les impies.

M. Hoin me mande qu'il va m'envoyer
fa defcription de l'hermaphrodite Drouart,
que j'ai moi-même vifité. Voilà ce que j'ai
obfervé : ce fujet qui me paroiffoit âgé de

trente ans , avoit une verge de même que l'homme , mais imperforé ; plus bas se voyoient les parties naturelles de la femme ; il lui manquoit les petites levres ; le vagin étoit beaucoup plus étroit qu'on ne l'obferve ordinairement dans les filles adultes ; le clitoris étoit à peine vifible ; l'érection de la verge se faifoit momentanement ; le relâchement fuccédoit prefqu'auffi-tôt ; il n'avoit pas de barbe au menton ; les parties de la génération & la fuperficie du corps étoient peu couvertes de poils ; les mamelles étoient formées comme dans la femme , mais fans mamelon ; il y avoit une légere concavité dans l'endroit où il fe trouve. Ce prétendu hermaphrodite étoit réglé tous les mois , reffentoit peu de defirs pour l'acte de la génération , avoit l'air féminin , ainfi que le fon de voix , de forte qu'aux membres virils près c'étoit une fille fort étroite , avec laquelle un homme formé n'auroit pas pu confommer l'œuvre de la génération.

On annonce l'ouvrage de Haën , fuite de fon *Ratio medendi* ; on dit dans l'extrait qu'on en donne, qu'il n'a écrit son article de la sensibilité & de l'irritabilité , que pour publier la fin de la dispute. On regarde la matiere comme épuisée ; je crois en effet que le nombre des observations qui appuient notre sentiment , ne permet pas qu'on la pousse plus loin , & que nos expériences, vérifiées à Londres par MM. Broklesby & Ranty , premier chirurgien du roi , à Varsovie par M. Gesner , à Rome par MM. Paliani , Massimini , Giraldi , Baldini , Bassani , Petrini, Molinelli , & Moretti , à Paris par M. Bordenave , à Montpellier par M. Farjon , à Bâle par MM. Mieg & Shæhelin , à Lausanne par M. Tissot , à Turin par MM. Verna , Cigna, Baldi , Busani , Robbiati , à Bologne par le comte Malvezzi , Fantoni , Veratti, Menghini, le comte Algarotti, Caldani , Baccialli , Pujati , Fontana , en Allemagne par MM. Zinn , Zimmermann , Læber , Castell , Bornemann, Walstorff , & Mulhmann , à Coppenhague par MM. Christian Œder , & Hevermam , à Florence par MM. Cœsareo Pozzio , Urbain Tossetti , Vespa , Cametti , Guadagni , Gatti , Fossi ,

Manetti, Pupigliani, Molius, Vanucci, Paguini, Bianconi, Cocchi, Targioni, Collini, Nannoni, Andriels, à Lucques par M. Graziani, à Ferrare par le docteur Vari, à Wurtemberg par M. Berdot, que nos expériences, dis-je, vérifiées dans tous les pays de l'Europe, & par des savans de la plus haute considération, ne peuvent être attaquées avec succès, & qu'il est inutile de poursuivre une matiere ou quelques recherches qu'on fasse, il est & sera toujours impossible de voir autrement que vous & moi. Tant que je vivrai, je saisirai avec plaisir toutes les occasions de témoigner aux savans ci-dessus désignés ma reconnoissance pour la peine qu'ils ont prise de répéter nos expériences, & pour la sincérité avec laquelle ils ont bien voulu y ajouter leur témoignage.

Je vais travailler au receuil de mes observations & de celles de mes ancêtres.

J'envoie à Dijon une dissertation sur l'usage des narcotiques.

Je n'ai pas voulu derniérement accepter une place parmi nos sénateurs, dont une

partie vient d'être réformée ; l'étude de
la médecine & la pratique exercent affez
& demandent tout le tems de l'homme
qui s'y livre ; je fuis né d'ailleurs fans
ambition ; en 1755 , je refufai une chaire
de profeffeur en l'univerfité de Montpellier, que m'offroit M. Haguenot, & en 1760 ,
la place de premier médecin de Mgr. le
Dauphin , vacante par la démiffion de
M. de Bouilhac. Elle me fut offerte par
le concours unanime de tous les médecins
& chirurgiens de Verfailles , & par plufieurs perfonnes de diftinction. C'eft M. de
la Breuille qui fut nommé fur mon refus
& qui l'accepta ; ce qui me fit le plus rire
dans cette circonftance , fut la maniere
dont Senac fe comporta envers moi. Je
fus le voir le matin ; il m'étala tous fes ti-
tres & fes ouvrages anatomiques , me
fit force de complimens, jufqu'à me dire
que je valois feul une académie , & m'engagea à me trouver le foir au fouper du
roi. C'étoit juftement le jour du grand
couvert ; je m'y rendis ; il m'aborda & me
plaça près de la porte où le roi devoit

entrer, de forte que ce monarque & toute
fa cour pafferent entre lui & moi , & le
faluerent contre la coutume ; lorfque tout
le monde fut à table , il me fit placer der-
riere le fauteuil du roi , qui me fixa beaucoup. Il ne faut pas être beaucoup au fait
des courtifans , pour s'appercevoir qu'il
s'étoit entendu avec le fouverain pour me
faire fentir l'importance de la place que
j'avois refufée. Vous avouerez vous-même
que j'ai agi fagement de préférer le féjour
tranquille d'Auxerre au tumulte de Verfailles , d'autant plus que la fanté précieufe
dont on vouloit me confier la direction ,
étoit déjà foible & languiffante.

Je tâcherai de vous procurer Marquet
par M. Buchoz , ou par fes amis.
Je fais lire vos poéfies à mon petit rejeton,
afin de lui imprimer de bonne heure de
la grandeur d'ame & de la délicateffe dans
le fentiment & vous tranfmettre en lui;
il n'eft jamais plus content que quand il
voit votre portrait à la tête de votre grande
phyfiologie , & que je le fais lire dans vos
ouvrages.

Je poſſede le portrait du célebre miniſtre Haller, que je crois avoir été de vos parens; il en eſt parlé dans le grand Dictionnaire de Moréri.

Mes lettres de Lyon m'apprennent que Boiſſien eſt décédé. C'eſt une perte conſidérable que fait cette ville, la république des lettres, & la médecine en particulier; il avoit été couronné deux fois à Dijon.

Celles du Languedoc m'apprennent auſſi que le célebre naturaliſte Commerſon va revenir chargé des richeſſes des quatre parties du monde, & qu'il eſt maintenant à l'Isle Bourbon. Je connois ce grand ſujet; il eſt fort lié avec le fameux Sauvages; ſes découvertes ſeront imprimées à ſon retour.

Je vous ſouhaite la ſanté la plus parfaite; aimez-moi autant que je vous ſuis attaché, & ſoyez perſuadé des ſentimens reſpectueux avec leſquels je ſuis &c. &c.

LETTRE

A M. Maret, au sujet de sa consultation sur un fœtus de cinq mois.

Monsieur.

La lecture de votre consultation sur un enfant qu'on prétend né. dans le cinquieme mois m'a procuré un plaisir des plus sensibles ; j'attendois avec impatience cet ouvrage, dont vous avez bien voulu me faire présent, & que j'ai reçu avec reconnoissance. La malle de M. Pazumot, qui en étoit chargée, a été tardive à cause des mauvais tems.

Vous paroissez décidé peu favorablement pour les intérêts de la mere, & les motifs sur lesquels porte votre jugement, sont très-solidement établis. Les observations de MM. Buffon, Haller, &c. sont des plus exactes, & on peut s'en rapporter à leurs lumieres pour former un point de comparaison entre l'état de grandeur & de force où l'enfant s'est trouvé lors de ſa naiſſance, & les degrés d'accroiſſement ordinaires aux fœtus, renfermés dans l'œuf de la poule, relatifs aux tems différens de l'incubation ; il y a bien de l'apparence que la nature ſe gouverne uniformément dans l'un & l'autre eſpece, toujours en raiſon de leurs différences ; les jours de l'incubation ſont preſque fixes, comme les mois de la groſſeſſe ; cependant on voit ſouvent des groſſeſſes ſe terminer heureuſement dans le commencement & à la fin du ſeptieme mois ; peut-être qu'on pourroit remarquer un ſemblable défaut dans l'incubation ; mais je ne penſe pas que l'accouchement au commencement du cinquieme mois puiſſe donner un enfant auſſi bien conformé, d'une ſanté auſſi ſtable & auſſi vigoureux que celui dont vous parlez.

Je conſerve chez moi un fœtus dont une ſage-femme m'a fait préſent, il y a environ huit ans ; cet enfant m'a paru être bien conformé ; c'eſt un mâle ; les parties diſtinctives de ſon ſexe ſe manifeſtoient clairement ; il a vécu quelques minutes,

ſelon

ſelon le rapport de cette accoucheuſe qui l'a ondoyé ; ne pouvoit-il pas ſe faire que ce fœtus n'ayant que vingt-huit à trente lignes de longueur, & par conſéquent tiré du ventre de la mere au bout de ſix ſemaines, eût pris aſſez de degrés d'accroiſſement pour avoir vécu & s'être bien porté, ſi ſa mere étoit accouchée de lui dans le cinquieme mois ? Cette réflexion qui ſemble oppoſée au réſultat des obſervations qui ont été faites dans les différens tems de l'incubation, ne nous engageroit-elle pas à croire que la nature fait dans quelques ſujets des exceptions à la regle générale ? Elles ſont rares à la vérité, on a peine à les concevoir ; mais ce ſont des miracles qui mettent toujours notre eſprit dans le doute ; & comme dans l'ordre de la ſociété ces ſortes de phénomenes, autoriſés par une crédulité trop aveugle, ſeroient ſujets à inconvéniens, il eſt plus prudent de s'en tenir à la négative, ſurtout quand il s'agit de donner un jugement appuyé ſur les principes de l'art les plus inconteſtables ; c'eſt pourquoi mon

G

objection, tirée du fœtus que je conferve, devient d'autant moins férieufe, qu'il eft douteux fi ce fujet auroit pris un degré d'accroiffement affez confidérable jufqu'au commencement du cinquieme mois, pour vivre & jouir d'une fanté auffi robufte que celui qui fait le fujet de la confultation ; au refte, j'examinerai plus à fond cette importante matiere , attendu que M. de Haller m'a fait préfent de fes mémoires fur la formation du poulet.

Portez-vous bien, monfieur, confervez-moi votre amitié qui me flattera toujours beaucoup ; foyez fûr de la mienne, ainfi que des fentimens d'eftime & de confidération avec lefquels je fuis , &c. &c.

MÉMOIRE

Sur la fourmi ailée , renfermée dans la noix de galle.

J'AI dis dans le Mémoire du 7 septembre 1780, que la superfétation des animaux vivipares dépendoit des germes concentriques ; il m'a paru que l'histoire de l'œuf trouvé dans l'œuf avec coque, solide ou membrane , donnoit à cette idée un degré de solidité , qui rangeoit ce système dans la classe des choses évidentes ; je parlerai maintenant de l'origine & de la maniere de vivre d'un petit animal, dont la connoissance ne paroît pas avoir attiré l'attention de beaucoup de naturalistes ; j'aurai lieu d'en conclure la vérité d'une assertion que j'ai avancée dans le Mémoire mentionné, que Dieu n'a pas pris moins de soin pour la création, la conservation & la nourriture des animaux les plus méprisables aux yeux vulgaires que pour celles de l'homme.

J'allois me promener, il y a quelques

tems avec mon pere dans le bois de *Chau-mois*, diftant d'une lieue d'Auxerre; ce cher auteur de mon exiftence phyfique & morale me faifoit connoître le nom de différentes plantes; il me parloit de leur génération & de leurs vertus; il me difoit qu'aucune d'elles n'étoit dénuée de qualités propres à combattre une maladie quelconque, mais qu'il s'en falloit bien qu'on les eût découvertes toutes; que chaque pays avoit les fiennes, que l'Auteur de la nature rendoit plus familieres celles qu'on pouvoit employer dans les affections endémiques, c'eft - à - dire, plus communes dans tel pays que dans tel autre; il ajoutoit que ces plantes croif-foient auffi dans les faifons où l'endémie prenoit ordinairement naiffance; qu'un médecin attentif pourroit découvrir, par la connoiffance des vertus des plantes les plus abondantes l'efpece de maladie à laquelle chaque contrée eft fujette, fon fiege & fes caufes.

Arrivé au lieu où nous devions nous repofer, il me parla des arbres, & me dit que la plante étoit en petit le chêne & autre grand arbre que j'appercevois dans le bois.

Dans le tems que nous converfions, mon pere apperçut fur une feuille de chêne une efpece de noix affez dure, un peu raboteufe, verte, qui formoit un tout avec la feuille. L'efprit de curoifité m'engagea à l'ouvrir ; quel fut mon étonnement, lorfque j'apperçus dans le centre de ce fruit rond un animal ailé, blotti, reffemblant parfaitement à une fourmi ; il en avoit les interfections & la figure ; il étoit néanmoins d'un volume plus confidérable ; il développa en fe remuant deux ailes, qu'il tenoit cachées, parce que, réferré dans un fort petit efpace, il étoit obligé de -rapprocher l'une de l'autre les deux extrêmités de fon corps, & d'affecter la figure ronde ; je reconnus alors que c'étoit une fourmi volatile, fort groffe : je ne pouvois concevoir comment cet animal avoit pu fe loger dans un fi petit endroit ; cependant, après quelques réflexions, je vins à bout de lever le voile, qui déro-

boit à mes regards la cause de cette singularité.

Toute mere cherche à conserver ses enfans ; elle leur procure ce précieux avantage , soit en les nourrissant elle - même ,
soit en leur fournissant les moyens de
suppléer à son défaut , soit enfin en les
mettant à portée de se fournir par eux -
mêmes la nourriture analogue à leur maniere d'être ; or nous voyons que les animaux bipedes & les quadrupedes nourris-
sent leurs petits par eux - mêmes , ou
qu'ils sont nourris par les soins d'autres
individus à peu près de la même espece ,
ou qui fournissent un suc nourricier, convenable à la constitution du nouveau-né.
L'homme , le plus noble & le roi des
animaux , reçoit de sa mere un lait déli-
cieux , dont il se nourrit l'espace d'une
ou de deux années ; à son défaut on lui
procure le lait d'une nourrice gagée, qui
doit remplir à son égard les fonctions de
la véritable mere ; quand cette ressource
manque , le lait de chevre , ou celui de
vache , coupé avec l'eau d'orge , fournit

un aliment dont l'enfant s'accommode ,
jufqu'à ce qu'il foit en état de prendre des
nourritures folides ; les œufs de la poule
font couverts par une mere canne ; les
petits poulets fe développent , voient le
jour à tems marqué , & la mere emprun-
tée a pour fes hôtes étrangers les mêmes
attentions que pour fes propres petits ; il
en eft de même des attentions de la poule
à l'égard de la progéniture de la perdrix ;
il y a toute apparence que l'Auteur de
la nature à répandu fur les autres êtres
vivans les mêmes traits de fa bienfai-
fance , fur-tout dans les genres dont nous
venons de parler , puifque l'expérience
nous apprend que les reptiles & les infec-
tes naiffent dans les endroits les plus propres à leur confervation , parce que les
meres prévoyantes ne manquent pas de
dépofer leurs œufs ou leurs enfans dans
des lieux particuliers qui leur offrent abon-
damment de quoi fubfifter ; & pour ne
parler que de notre fourmi ailée, je dirai que
fa mere a foin, quand elle eft difpofée à pon-
dre fes œufs, de piquer plufieurs feuilles

'G iv

de chêne dans la faifon du printems ; elle dépofe dans le centre de la bleffure un de fes œufs, qu'elle confie pour lors aux foins de la nature, qui ne manque pas de faire affluer tout-au-tour un fuc qui s'épaiffit, forme dans le centre un noyau, efpece de corps dur, dans le milieu duquel l'œuf eft logé ; ce fuc devenant de jour en jour plus abondant, prend la forme d'une petite noix couverte de fon écorce ; fon extérieur eft raboteux, fon intérieur pulpeux ; fon centre eft un noyau médiocrement dur, dans lequel eft ordinairement l'œuf de l'infecte dont on a fait mention ; il y refte fans changement, jufqu'à ce que le printems ait répandu la chaleur néceffaire au développement des germes ; il brife alors fon enveloppe ; l'infecte commence à fe nourrir aux dépens du noyau qui n'a pas acquis toute fa confiftance ; comme il n'a pas encore refpiré l'air extérieur, il refte immobile & blotti dans le même endroit ; fon corps & fes ailes s'étendent en raifon de la nourriture qu'il reçoit ; & comme ils ne font aucune perte dans leur état d'inaction, il n'eſt pas étonnant que cet animal ſoit plus gros que la fourmi ordinaire dont il doit être diſtingué, parce qu'il n'eſt pas aſſujetti aux mêmes travaux qu'elle, qu'il n'en a pas l'induſtrie, qu'il a ſa maniere d'être particulier, que d'ailleurs il eſt ailé & renfermé dans ſon étroite priſon juſqu'aux approches de l'hiver, qu'il en ſort pour chercher une nourriture convenable qu'il ne rencontre plus dans ſon appartement deſſéché.

Telles furent les réflexions qui ſe préſenterent à mon eſprit; mon pere, à qui je les communiquai, les trouva juſtes & conformes à l'œùvre de la nature; depuis ce moment, je n'ai ceſſé d'admirer cette mere commune, qui ſe fait remarquer toujours par des traits de bonté, & dont les merveilles ſont au-deſſus de notre foible intelligence.

CATALOGUE

*De mes inventions & de mes ouvrages
tant imprimés que manuscrits.*

JE me proposois, en rédigeant ce recueil, de donner le catalogue raisonné de mes ouvrages ; mais outre que ce travail m'a paru de médiocre utilité, le tems nécessaire pour feuilleter tous mes manuscrits, m'eut dérobé bien des momens précieux, que je préfere consacrer à la pratique & aux œuvres chymiques, & m'eut détourné peut-être de quelques entreprises qui me tiennent fort à cœur ; je me détermine donc à ne donner mes ouvrages de médecine pratique, de théorie & de littérature, que petit à petit, & à mesure qu'ils se présenteront sous ma main ; j'y mettrai l'ordre qui convient, lorsque des occasions favorables me permettront d'en donner la collection ; en attendant je vais présenter un catalogue simple de mes inventions & de mes ouvrages tant imprimés que manuscrits.

Inventions.

1. La cuirasse herniaire, présentée en 1755 à la société royale des sciences de Montpellier.

2. Le corset hernier, ou bandage symmétrique, inventé en 1758; sa description & sa gravure se voient dans le Journal de médecine du mois d'avril de cette année, & dans le Précis de chirurgie pratique de *Portal.* Ce célebre docteur en fait mention dans son Histoire de la médecine; ce bandage sert pour la fameuse opération de la symphyse des os pubis. Voyez le Traité de Roussel de Vauzesmes *De sectione symphyseos ossium pubis*, page 89, les Recherches historiques & pratiques sur la section de la symphyse, par *M. Alphonse le Roi*, page 52, l'ouvrage intitulé *Res gestæ in saluberrima facultate Parisiensi circa sectionem symphyseos ossium pubis*, page 14 & 15; enfin, l'Histoire de Bourgogne, par M. l'abbé *Courtépée*.

3. Le brayer pour les adultes, inventé en 1773 & présenté en 1781 à l'académie

royale de chirurgie. Il eſt calqué ſur celui que mon aïeul a imaginé pour les enfans.

4. Le corſelet herniaire , préſenté en 1774 à l'académie royale des ſciennes de Paris.

5. La machine fumigatoire - naſale , antiaſphixique , opthtalmique , & acouſtique , inventée en 1780 , dediée à M. Amélot , ancien miniſtre & ſecretaire d'état de la maiſon du Roi ; ſa deſcription ſe trouve dans le Journal des trois regnes , N°. 6 pag. 284 , 1781.

6. Le corſelet compliqué, inventé en 1781.

7. Le demi-corſelet herniaire , inventé la même année , préſenté ainſi que le précédent à l'académié royale de chirurgie.

Ouvrages imprimés.

1. Deſcription hiſtorique & anatomique du bandage ſymmétrique , Journal de médecine , avril 1758.

2. Lettre à M. de Vandermond ſur ce bandage , Journal de médecine mai 1758.

3. Mémoire contre les expériences & obſervations de M. Taudon , docteur en médecine & anatomiſte de Montpellier ,

fur les parties fenfibles & irritables des animaux, lu à la fociété royale des fciennes de la même ville. Voyez *Alberti Halleri ad objectiones contra experimenta fua propofitas refponfio , Laufanæ ,* 1760 *;* T. IV. in-4°.

, 4. Cinq mémoires adreffés à M. le baron de Haller , fur l'infenfibilité , l'irritabilité & la convulfibilité des parties du corps animal, Laufanne , Sigifmond d'Arnay , 1760 , in-12. Ces mémoires renferment plufieurs chofes intéreffantes , entre autres , la diftinction de l'irritabilité & de la fenfibilité contre le fentiment de Meffieurs Lorri, Zimmermann , &c. & la découverte de l'origine des fenfations ou du fiege de l'ame dans les corps cannelés. Quoique M. de Haller m'eut marqué que mes expériences fur la convulfibilité auroient toujours leur prix original , je n'étoit pas bien fûr d'être le premier qui eut fait cette découverte , à laquelle tant de célebres anatomiftes travailloient depuis long-tems ; mais la derniere Encyclopédie de Geneve m'en accorde l'honneur , & ne permet plus d'en douter.

5. Mémoire fur le fiege de la fenfibilité & des convulfions dans le cerveau,
Mercure de France, feptembre 1760.

6. Mémoire fur la coqueluche & les
remedes propres à la guérir, Mercure de
France, juin 1760.

7. Mémoire fur la découverte des vers
hépatiques, caufe trop fréquente de la mort
des moutons, Merc. de France, fept. 1760.

8. Lettre à M. de Laplace, qui renferme l'explication de l'infcription problématique : *Urbs me detruncavit*, &c.
Mercure de France, mars 1761.

9. Mémoire fur un marafme, occafionné
par un morceau de plomb, Mercure de
France, mai 1764.

10. Mémoire fur une perte de fang, fuivie de la fiftule lacrimale, Mercure de
France, mai 1764.

11. Mémoire fur un ictere particulier,
occafionné par la fuppreffion du flux hé-
morrhoïdal, Journal de médecine, octobre
1765.

12. Hiftoire des fievres catarrales pu-
trides qui ont régné à Auxerre depuis 1756

jufqu'en 1759, Journal de médecine, janvier 1766.

13 Differtation fur le célebre & vénérable hermite Jean Houffet , fondateur de l'hermitage du mont Valérien, Journal de Verdun, feptembre 1766.

14. Lettre à M. l'abbé Ameilhon, fur le même fujet , Journal de Verdun, feptembre 1766.

15. Mémoire fur une fievre continue périodique, produite par une fauffe pléthore , & guérie par l'hydropifie, Journal de médecine, juin 1767.

16. Mémoire pour réunir la fonction de chirurgien-major de l'Hôtel-Dieu à la communauté de S. Côme, Auxerre , F. Fournier, 1767, in-12.

17. Mémoire fur le peu de fenfibilité apparente de la véficule, Hiftoire de l'académie royale des fciences de Paris, 1769.

18. Précis hiftorique de la délivrance de la ville d'Auxerre, Journal de Verdun, mars 1769.

19. Mémoire fur une plaie de l'abdomen fimple, quoique pénétrante, Journal des Savans , décembre 1769.

20. Diſſertation ſur les parties ſenſibles & irritables · des animaux , Lauſanne , F. Graſſet , 1770 , *in*-8°; J'ai fait retarder l'impreſſion de cet ouvrage ſur les ſollicitations du célebre Lecat, voyez le Journal Encyclopédique, avril 1771, page 146. L'auteur de ce Journal, en donnant un extrait de ma diſſertation, s'eſt trompé ; il a dit que c'étoit le diaphragme qui avoit été traverſé dans le ſieur le Hecque ; cela eſt faux, c'eſt l'aponévroſe des muſcles droits , appellée ligne blanche, qui a été percée ſans ſuite fâcheuſe par une épée qui a paſſé de l'autre côté du corps , ſans que la mort , ni même aucune infirmité s'en ſoit ſuivie ; qu'on liſe ma diſſertation , on verra qu'il n'a point été aſſez exact dans ſon rapport. Il ſe trouve quelques exemplaires de cet ouvrage & des ſuivans à Paris, chez Cuſſac , libraire, rue du Vieux Colombier, au Parnaſſe françois.

21. Mémoire ſur l'avantage que procurent les frictions mercurielles dans le traitement de quelques épilepſies idiopathyques, avec les conſultations & lettres qui

y

y ont rapport , terminé par des obfervations fur l'ufage du mercure , pour la gué-
rifon du fcorbut & des dartres , Laufanne,
F. Graffet 1770 , *in-80.* Les auteurs du Mercure de France , dans l'extrait qu'ils ont
donné de ce mémoire , femblent défa-
prouver ma méthode de traiter l'épilepfie,
& le célebre Tiffot , dans fon traité fur
cette cruelle maladie me citant comme
le premier qui ait employé le mercure pour
la détruire , apporte des doutes fur l'effi-
cacité de ce remede ; j'ai cependant par
devers moi bien des obfervations convain-
cantes , qui viennent à l'apui de mon fentiment , aufli ma réponfe eft toute prête ,
& fous peu je la ferai paroître.

22. Etrennes aux trois Andrès , ou Apo-
logie du précis hyftorique contre les obfervations d'un anonyme , 1770 , *in-12.*

23. Mémoire contenant des obfervations
fur les maladies vaporeufes du fexe ; Hiftoire littéraire de l'académie de Dijon ,
1772. Cette académie regarde mes obfervations comme un des plus forts argu-

mens qu'on puiſſe apporter contre la méthode ſi préconiſée de M. Pomme.

24. Topographie hiſtorique & médicale
de la ville d'Auxerre , mémoire de la ſociété royale de médecine , deuxieme vol.

25. Mémoire ſur l'uſage du mercure dans
le traitement de la rage, & ſur un ſpécifique,
connu ſous le nom d'omelette antiliedro-
phobique, que j'ai découvert & que j'emploie avec ſuccès , mémoires de la ſociété
royale de médecine , deuxieme volume , &
les recherches de M. Andry ſur la rage.

26. Lettre à M. Buchoz , ancien médecin du roi de Pologne & de S. A. R.
Monſieur , frere du roi. Voyez le Journal
intitulé: La nature conſidérée ſous ſes différens aſpects , n°. 6, page 284 , 1781. Le
but de cette lettre eſt de répondre à ce
ſavant botaniſte , qui , dans le n°. 3 de ce
journal , en annonçant ma machine fumigatoire , avoit ajouté qu'elle étoit , à peu
de choſes près , la même que la ſienne ; je
lui fais voir qu'il ſe trompe , que nos inventions ſont totalement différentes , que
d'ailleurs on peut bien ſe rencontrer

fans être plagiaire. En donnant ma lettre au public, il a montré qu'il reconnoiſſoit ſon erreur; je pourrois répondre la même choſe au célebre Portal, qui, dans ſon Hiſtoire de la médecine, avance que Geiger a imaginé un corſet herniere à peu près ſemblable au mien, c'eſt dire d'une maniere honnête que j'ai copié Geiger; mais que M. Portal ſe déſabuſe; avant qu'il en eut parlé, je ne connoiſſois ni les noms, ni les inventions de ce docteur, qu'il dit être Milanois & du quinzieme ſiecle.

27. Obſervations hiſtoriques ſur quelques écarts ou jeux de la nature, pour ſervir à l'Hiſtoire naturelle, Neuchatel, chez Jean-Pierre Convert 1785 in-8°.

Ouvrages manuſcrits.

1. *Quæſtio medica eaque therapeutica ſub hac verborum ſerie : An maniæ deſperatæ præcipitatio in mare balneumve frigidiſſimum ?*

2. Diſcours prononcé devant M. Imbert, lorſqu'il fut nommé chancelier de l'univerſité de Montpellier.

H ij

3. Difcours de réception à la fociété littéraire d'Auxerre, en qualité de directeur.

4. Difcours de réception à la même fociété, en qualité de bibliothécaire.

5. Pieces fugitives, épigrammes, refreins, fonnets, lettres, épitaphes, difcours académiques, accroftiches, &c. &c.

6. Petite differtation fur un grand fujet, ou Mémoire contenant l'explication d'une infcription problématique, propofée dans le Mercure de France, mars 1761.

7. Mémoire préfenté en 1761 à l'illuftre Sénac, contenant le projet d'une correfpondance entre la faculté de médecine de Paris & des médecins du royaume. C'eft à l'occafion de ce mémoire que s'eft établi la correfpondance miniftérielle, qui a donné lieu à l'établiffement de la fociété royale de médecine.

8. Mémoire adreffé à M. le duc de Choifeul, fur les maladies qui ont régné dans les hôpitaux d'Auxerre en 1763. Je propofe de nouveau dans ce mémoire le projet de correfpondance pour répondre à

la lettre que ce miniftre m'avoit écrite ,
à l'occafion du mémoire précédent. ·

9. Differtation fur le fatellite de Vénus,
traduite en 1766 du latin du P. Hell,
aftronome de l'impératrice-reine, & de l'u-
niverfité de Vienne.

10. Expériences optiques faites en 1766,
& notes refutatives du fentiment du P.
Hell. Cet ouvrage & le précédent ne font
pas de mon reffort, & j'avoue que je ne
les aurois pas entrepris, fi je n'y avois été
vivement follicité par le Baron de Guem...
ce favant qui, malgré les revers de fa
fortune, enrichit encore la république littéraire de fes œuvres, & conferve un efprit affez tranquille & une ame affez faine
pour faire oublier fa difgrace à force de
vertus.

11. Mémoire lu à l'hôtel - de - ville en
1769 dans l'affemblée des notables, fur la
néceffité d'établir un tarif de médicamens.

12. Mémoire lu dans la même affemblée pour la réunion de la fonction du chirurgien-major à la communauté de S. Côme. Ce mémoire eft autre que celui qui eft

annoncé parmi mes ouvrages imprimés.

13. Lettres adreſſées en 1767 à l'illuſtre Macquer & à l'académie royale des ſciences, touchant ma diſpute avec le célebre ſecretaire de Rouen, & pour parvenir à un jugement définitif ſur l'exiſtence du mouvement d'irritabilité ou involontaire, principe des actions vitales & naturelles, & ſur la différence qui le diſtingue de l'inſenſibilité.

14. Réponſe aux obſervations de l'académie de Dijon, touchant mon mémoire ſur l'épilepſie, adreſſée à cette compagnie en 1768.

15. Diſſertation ſur l'oppoſition des propoſitions, lue en 1769 dans une des ſéances de la ſociété littéraire d'Auxerre.

16. Examen de celle de M. l'abbé B.... ſur la même matiere, lu en 1769 dans une des ſéances de la même ſociété.

17. Lettre à M. l'abbé Ameilhon, adreſſée en 1771, contenant l'explication de l'épitaphe problématique, *mors mortis, morti mortem, &c. &c.*

18. Lettre adreſſée la même année à

M. Maret, contenant des observations sur l'hermaphrodite Drouart.

19. Lettre à MM. les auteurs du Journal politique, sur l'apparition d'un météore, dont il a été parlé dans une des gazettes de 1771.

20. Observation sur l'épilepsie.

21. Mémoire sur l'usage des narcotiques dans les pleurésies.

22. Mémoire sur les phénomenes & bisarreries de la nature, que j'ai observées dans quatre fœtus levraux, dont j'ai fait l'ouverture.

23. Mémoire sur la dyssenterie épidémique qui a régné à Appoigny en 1774, & sur les maladies que l'année 1775 a offert à traiter.

24. Observations sur la dyssenterie, adressées ainsi que les trois mémoires & l'observation précédente à l'académie de Dijon dans le cours des années 1772, 1773, 1774, 1775, 1776.

25. Memoire sur la situation générale de la ville d'Auxerre, & sur la maladie épizootique qui a régné en 1776 dans les

environs & fur-tout dans les villages de S. Géorges & Perrigny.

- 26. Mémoire fur les maladies épidémiques en général, adreffé, ainfi que le précédent, à la fociété royale de médecine, en 1777 & 1778.

27. Examen impartial fur les effets de la poudre d'Ailhaud, adreffé en 1778 à l'académie de Dijon.

28. Lettres fur le même fujet, adreffées à M. le baron de Caftellet & à M. de Meftre du Rival, ancien officier d'infanterie.

29. Mémoire fur le bon effet des pillules d'Helvetius contre les pertes de fang, hiftoire littéraire de l'académie de Dijon, 1774.

: 30. Mémoire adreffé à la fociété contenant le tableau de la petite vérole qui a régné dans Auxerre depuis le mois de feptembre 1776, jufqu'au mois de janvier 1778, & qui a enlevé plus de 300 enfans. Pareil mémoire lui a été communiqué par M. Bourdois de la Motte, qui m'avoit demandé tous les détails de cette cruelle maladie.

31. Differtation fur l'exiftence du fluide , nerveux, & fur fon influence dans l'œuvre de la digeftion, adreffée en 1780 à M. Rouf-fel de Vauzefmes , docteur régent , au fujet de la thefe qu'il a foutenue dans les écoles de la faculté en 1779 , & qu'il a eu la complaifance de m'envoyer.

32. Mémoire contenant le tableau d'une fievre maligné populaire , qui a régné à Auxerre & dans fes environs en 1759 & 1760.

33. Mémoires fur des fievres malignes *per fe*, *& per fymptomata.*

34. Mémoire fur une fievre maligne par accidens.

35. Mémoire topographique, hiftorique & médical de l'hôpital général & de l'Hô-tel-Dieu d'Auxerre.

36. Mémoire contenant la defcription de ma machine fumigatoire.

37. Mémoire contenant une defcription plus étendue de cette machine, & dans lequel je fais connoître mes deffeins dans l'exécution de cet inftrument très-utile dans les maladies du nez, du cerveau,

de la gorge, du palais, des oreilles, & pour le bain de l'œil.

38. Mémoire contenant des obſervations ſur le rapport que la ſociété a fait du rob antiſiphilique du ſieur l'Affecteur.

39. Mémoire contenant des remedes pour le traitement de la rage, du rhumatiſme gouteux & des dyſſenteries contagieuſes *à bilis acrimonia*, terminé par la deſcription de pierres bilieuſes rendues dans une ſelle, & par l'hiſtoire du traitement employé pour faire fondre les graviers & calculs, renfermés dans la véſicule du fiel & les inteſtins de la demoiſelle qui a rendu ces pierres. J'ai adreſſé ce mémoire, ainſi que les ſept précédens, à la ſociété dans le cours des années 1780 & 1781.

40. Diſcours prononcé au Louvre en 1781, dans une des ſéances de la ſociété, en préſentant à cette compagnie l'ouvrage ſuivant :

41. Cent-cinquante obſervations de médecine pratique & de chirurgie, adreſſées à la ſociété royale des ſciences de Mont-

pellier & à l'académie royale des sciences de Paris. Je suis occupé maintenant d'y ajouter mes réflexions & les observations nouvelles que m'a offert la pratique ; c'est un travail immense & de plusieurs années ; ce recueil sera d'autant plus intéressant, qu'on y trouvera le tableau & le traitement de presque toutes les maladies qui affligent le corps humain.

42. Mémoire lu en 1781 dans une des séances de l'académie royale de chirurgie, contenant la description des six machines que j'ai inventées pour les hernies.

43. Lettres adressées la même année à cette académie à MM. Louis, Fabre & Pipelet, sur les moyens de parvenir à l'exécution d'un bandage parfait pour les hernies.

44. Mémoire en forme de lettres adressées à M. Vicq d'Azir, sur les dyssenteries épidémiques & autres maladies qui ont régné en 1781.

45. Mémoire sur les blessures faites par une louve devenue enragée par le chagrin qu'avoit fait naître en elle l'enlevement

de trois louveteaux qu'elle nourriſſoit ;
adreſſé en 1781 à la ſociété, à l'académie
de Dijon, à MM. Amelot, Feideau de
Brou, Bertier de Sauvigny, & Laſſoue.

46. Mémoire adreſſé en 1782 à la ſociété & à M. de Sauvigny, au ſujet de l'é-
pizootie qui a affligé cette année les bêtes
à cornes de la paroiſſe de Diges.

47. Mémoire ſur les hernies, lu au
prima menſis de la faculté le premier mai
1783. Ce mémoire eſt un de ceux qui ont
le plus excité mon émulation ; je me rap-
pellerai toujours avec plaiſir que le jour que
j'en fis lecture à la faculté, ce corps reſpectable m'accorda, contre l'ordre de ſes ſta-
tuts, une place diſtinguée parmi ſes membres, & récompenſa mon travail par une
médaille qu'il me fit préſenter par M. le
doyen ; honneur que juſqu'à ce jour aucun docteur étranger n'avoit encore reçu.

48. Mémoire ſur les moyens de rendre
plus facile l'opération de la paracentheſe,
lu la même année dans une des ſéances
de la ſociété, & adreſſé quelque tems après
à la faculté.

49. Diſſertation ſur l'exiſtence, la cauſe

& les effets du mouvement alternatif du cerveau & de la dure - mere , analogue à celui de la respiration , adressée en 1783 à l'académie royale des sciences de Paris ; le célebre Lalande, qui a bien voulu se charger de cet ouvrage , & le présenter à cette compagnie , m'a marqué que MM. Vicq d'Azir & Ténon avoient été nommés commissaires ; mais qu'ils avoient trouvé mon mémoire trop hypothétique & pas assez fondé sur l'expérience pour prononcer ; cela peut être quant à l'existence & la cause de ce mouvement , parce que je n'aurois pu rapporter que les expériences de MM. Haller, Brouillet , Schlichting , Walstorf & Lamure , qui sont assez connus , & que cependant je n'adopte pas ; mais quant à ses effets, dont aucun savant n'a encore parlé, je crois les avoir prouvé d'une maniere à rendre mon système incontestable.

50. Mémoire adressé en 1784 à la société, sur la constitution de l'athmosphere, & sur les maladies épidémiques qu'il a occasionné en 1783 non -seulement à Paris, Auxerre & le reste de la France, mais même dans toute l'Europe.

51. Obſervations météorologiques & noſologiques, addreſſées à la même compagnie. C'eſt mon fils qui s'applique aux météorologiques, parce que mon état ne peut guere s'accorder avec l'exactitude qu'elles exigent.

52. Mémoire ſur la dyſſenterie, contenant ſon hiſtoire & ſon traitement.

53. Mémoire ſur la jauniſſe, contenant également ſon hiſtoire & ſon traitement.

54. Mémoire ſur la découverte anatomique d'une glande dans l'orcile interne.

55. Matiere médicale, latine & françoiſe, qui ne demande plus pour paroître qu'à être revue & miſe en ordre.

56. Conſultations & lettres qui m'ont été adreſſées par différens ſavans françois, anglois, italiens, allemands, ſuiſſes, &c. avec une réponſe. Je conſacre mes momens de loiſir à en travailler la collection; il ne me tarde que cet ouvrage ſoit fini pour rendre publiquement à ceux qui m'ont honoré & m'honorent de leur amitié, le tribut d'eſtime & d'attachement que je leurs dois, & qu'ils m'ont inſpiré par

leurs grands talens. L'illuſtre ſénateur de Berne m'a marqué ſur la fin de ſa vie qu'il avoit fait imprimer quelques-unes de mes lettres dans un recüeil en 4. vol. qu'il venoit de donner au public; ſa mort m'a empêché de lui demander le lieu de l'impreſſion; j'ai bien fait de recherches depuis à Paris & ailleurs, je n'ai pu le découvrir; peut-être n'aura-t-il pas paſſé en France. Je ne ferois cependant pas fâché de le lire.; tout ce que ce grand homme a mis au jour, eſt du plus grand prix; il m'a fait préſent de preſque tous ſes ouvrages, que je regarde comme l'ornement de ma bibliotheque.

Je pourrois ajouter à ce catalogue pluſieurs traités & diſſertations de mes ancêtres: mais je les paſſe ici ſous ſilence, parce que, quoique mon intention ſoit de les publier, je ne pourrois néanmoins remplir ce vœu de mon cœur que dans le cas où Dieu m'accorderoit aſſez de jours pour les refondre & en changer le ſtyle, qui n'eſt plus de ſaiſon; tout eſt entre les mains de cette admirable Providence; c'eſt elle qui nous conduit, nous gouverne, & nous rend heureux ſur la terre par le bien que nous pouvons y faire, & par l'eſpoir d'une récompenſe à laquelle tout homme ſage & tout chrétien doit aſpirer.

F I N.

dence; c'eſt elle qui nous conduit, nous

AVIS.

On trouve chez *J. Witel*, *libraire à Neuchatel, les nouveautés suivantes :*

L'Amour, *ou* Lettres d'Alexis & de Justine, *par* M. *le marquis de Langle, auteur du charmant* Voyage en Espagne, *imprimé aussi chez le même éditeur. La correspondance de ces deux amans est certainement la production la plus sublime qui ait paru en ce genre. C'est l'ame brûlante, ce sont les transports d'Abailard & d'Héloïse ; c'est la vertueuse, la tendre, la passionnée Julie d'Etange ; c'est l'idolâtre S. Preux ; c'est son cœur aimant, égarant sa raison. La morale en est touchante & pure, le style est digne de son sujet. Qu'on ne croie cependant pas que l'auteur ait dessiné, ait tracé son plan d'après l'inimitable Rousseau ; ceci n'est point une fiction. On reconnoîtra aisément que ces lettres ne sont point supposées ; les noms, quelquefois les lieux en sont uniquement la partie romanesque.*

Le même auteur se propose de donner

I

*d'autres ouvrages après Alexis & Juſtine ;
que le libraire aura ſoin d'annoncer dans
le tems.*

WERTHER, *imité de l'allemand ;
auſſi par le marquis de Langle. Cet ouvrage ſera achevé avec Alexis & Juſtine ;
& le public jugera ſi ce ſujet original, &
qui a fait tant de bruit en Allemagne , eſt
auſſi bien traité par notre auteur que par le
ſenſible , le touchant Gœthe.*

Comme l'imprimeur s'eſt entiérement
voué aux ouvrages ſur manuſcrit d'un certain mérite , ne faiſant abſolument point de
contrefaçons , il offre ſes ſervices à tous les
Gens de lettres qui auront intention de donner au public les utiles fruits de leurs veil-
les ; il imprime correctement & ſur beau
papier, ſoit pour le compte des Auteurs ,
ſoit pour le ſien proprè , quand les conditions ſont acceptables. On trouve chez lui
les mêmes articles & à des conditions auſſi
avantageuſes que chez les imprimeurs &
libraires de Neuchatel, Lauſanne & Geneve.

Hiſtoire d'une jeune Luthérienne, *par
l'auteur de l'An 2440 , in-8°. deux part.*
1785.